隔断+收纳机关王

美化家庭编辑部　主编

江苏凤凰科学技术出版社

目　录
CONTENT

目 录
CONTENT

前　言

可以住一辈子的家！

空间面积可以用时间换来

我们对机关设计的依赖，已经从着迷变成了“必需”，因为现代生活如此多变与精彩，我们希望“家”可以担任瑜伽教室、宴客会所、孩子的运动场、SPA俱乐部、图书馆等多种角色，从“一物多用”到“一辈子能用”都是我们的心愿，即使家里是小空间，也能通过机关设计来满足大要求。

\> 可以住一辈子的设计

\> 景观、采光、通风100%，让家充满活力

\> 实例示范

01家人不变心、亲子不疏离的一辈子使用方案

02客厅是电影院、客房也能晒棉被

\> 收纳机关把物品通通藏起来

弹性空间大优势

1 舒适的空间：可以住一辈子的设计

2人、3人、5人…… 你家的住宅设计能满足所有人吗？

开发商规划的格局真的能满足你的需求吗？面对都市的高压大环境，室内设计师们不得不用“拧毛巾”的方式，一滴一滴地把空间拧出来，让一物多用将面积发挥到极限。

但是，让人舒服的隔断并不是指足够的房间数，或是很多收纳柜，事实上，家庭与生活才是影响空间真正的根基。一个家庭的家族状况会随着时间而改变：会孕育出新的生命、也会衰老消逝，生命的成长与生活空间的关系紧密而微妙。如果我们还用传统的思维来看待“居住需求”，那么很容易使室内空间被一道道的固定墙面所限制和缩小！

将作设计总监张成一表示，隔断的两大作用是“隐密与隔音”。在室内设计布局隔断时，每下一道隔断都要思考隔断的功能，砖墙隔断越少越好，因为要达到私密与隔音的作用，能选择的隔断材质与方法非常多。当每间房间都用砖墙隔死，生活功能的弹性势必被局限住。其实厨房、书房、客房，甚至卧室现在都可以通过弹性的方式进行开放处理！

家庭成员VS住的需求

a 新婚家庭成长期

30~50岁+住宅需求

初步入婚姻的新婚家庭住宅需求，处于等待孕育新生命的阶段，除了主卧之外的空间，都可以拥有弹性隔断，让孩子在成长过程中即便待在家都有足够的活动空间，且隔断砖墙越少越好，以照顾孩子的视线不受阻碍。

b 家族变化期

50~65岁+住宅需求

书房、客房与卧室，都可以算是家中的过度性空间，以面积来看使用机率偏低，但大家都对这些功能空间放不了手。其实，降低卧室功能、缩小卧室面积，就能让家人间的凝聚力回到客餐厅区。面对步入青春期、进入社会工作的孩子，室内格局对维系家人情感也有很大的帮助！

c 晚期

65岁以上+住宅需求

这个阶段着重的是安全性措施，因此浴室、厨房等易湿滑的地砖要采用具有防滑效果的产品，特别是浴室要保留装置安全扶手的位置、放低浴缸便于坐着淋浴。各类出入口至少保留让轮椅可进出的宽度。其次，保持室内空间明亮度，但尽量使用间接照明。家具选择的注意事项，跟家中有幼儿的状况一样，避免使用带直角、锐角的家具。如果在一开始装修时就将这些安全诉求纳入考虑范围，等于提升房子耐用的延续性，降低了未来再度翻修的可能。

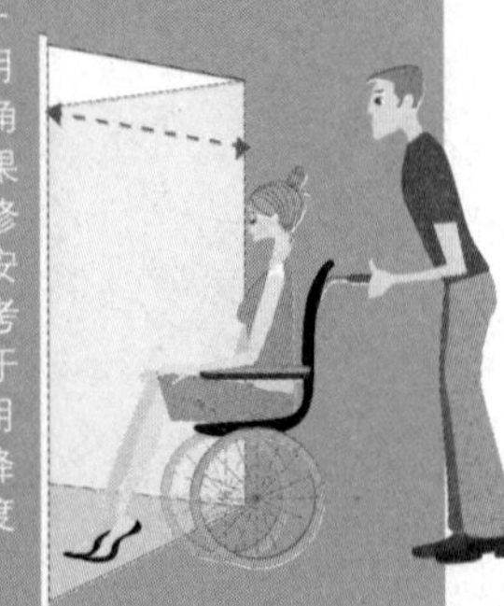

不少售楼公司、地产专家对购房的建议是：先求有再求好、再求大，但我们有没有可能在经济能力许可、未来目标明确的状况下，一次就打造出可以住一辈子的房子呢？因为光是搬家打包就很累人！更别说看房买房再装修的过程，很多人其实不想重来一次啊！

针对这个疑问，张成一设计师与利培安设计师不约而同地采取“时间换取/预留空间”的住宅使用概念，他们建议运用各类弹性隔断建材，取代密不透风的固定隔断。

有时活动家具也是隔断布局的一种手法，在住宅面积99 m^2 ~ 132 m^2、居住人口4 ~ 5人的条件下，他们提出方便家族世代成长后的小变动住宅使用提案。

家族成长变化流程图

阶段1 新婚+幼儿

阶段2 夫妻40岁+青春期孩子

阶段3 夫妻50岁+孩子婚娶一起住

阶段4 夫妻65岁+长男夫妻、孩子

阶段5 夫妻65岁以上+新生活的朋友

弹性空间大优势

2 解救你家建筑天生缺点

景观、采光、通风100%，让家充满新活力

TRANSFORMATION OF BUILDING DEFECTS

如果墙的功能只是为了界定空间，就可以用屏风、滑门、折门、玻璃等较弹性的手法做空间区隔，创造出让人穿梭自如的趣味感。将业主需求与生活习惯归纳出“必要的”与“可弹性变化”这两种，利用活动隔断辅助区域界定，开启格局和动线最大的变化弹性，让居住者不再顺受格局，而是以当下的需求和喜好，去变化生活空间。

规划恰当的格局是装修的第一步，但很多人都忽略了格局应该要随着不同的人生阶段来加以改变，除了从房间去调整之外，也可以利用弹性隔断来改变空间样貌。

风、光、车声都会影响你家格局位置

室内空间布局首先要评估与外环境的位置关系，拥有对外窗或庭园的格局，就可将家庭聚会动线引导至此，产生更多日常生活的交互作用；相反地，如果房子栋距过近、紧邻大马路，卧室位置的安排就要远离该区域。定下格局是规划动线的第一步，由格局来决定动线，并将其与外在环境相互呼应，产生良好效果。

评估 01

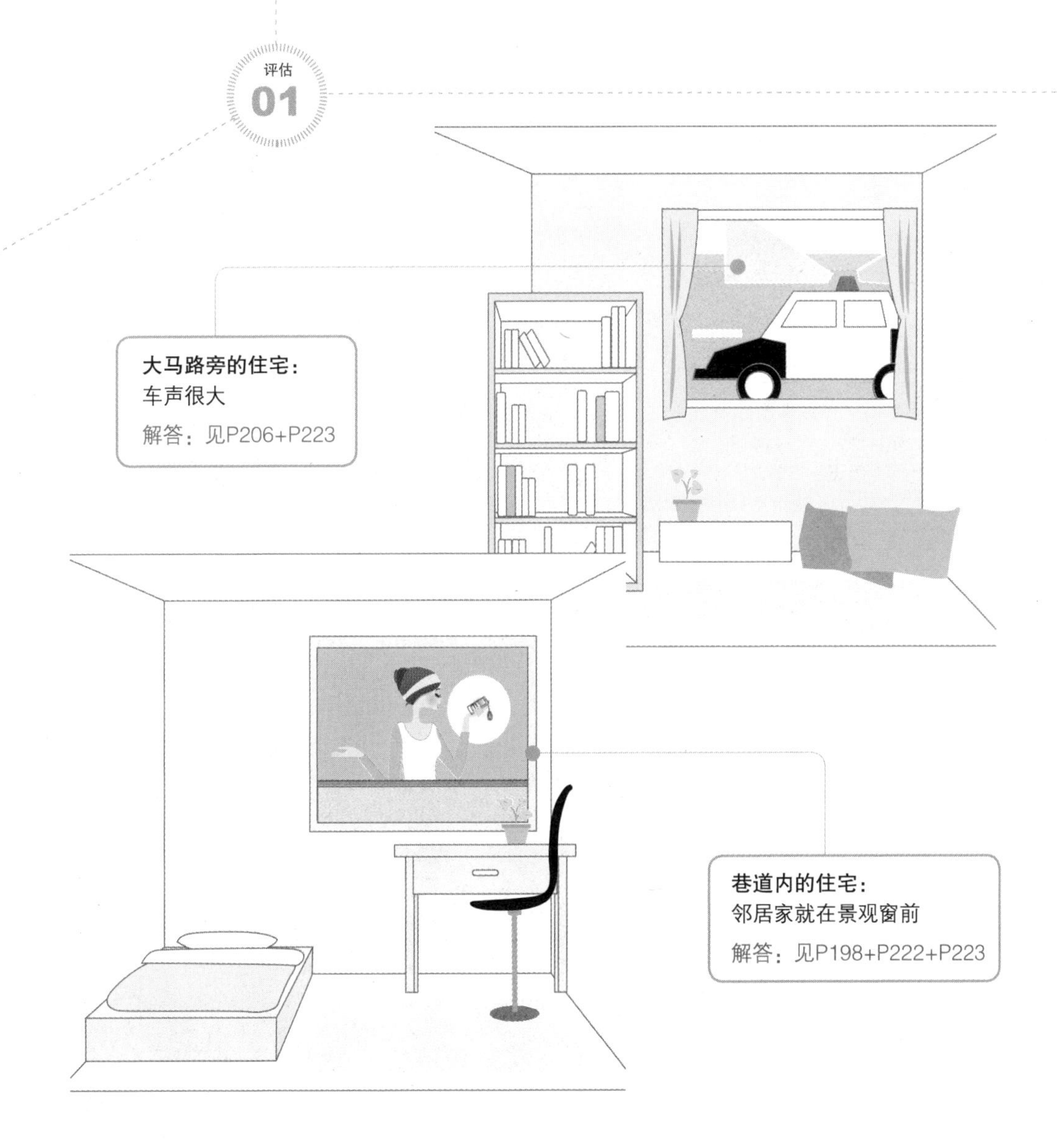

放开墙面，狭长屋就自由了

台湾住宅的常见问题有几种，一是狭长屋空间深度不够、采光不足，可以“穿透”来借用空间，例如玻璃与五金结合的活动门板能让视觉上产生延伸放大空间的效果；二是常见的狭窄、畸零角等缺憾，则通过斜面手法界定空间，利用斜体拥有的“宽面”效果，营造出空间开阔的氛围，顺势化解狭窄、畸零角等缺憾。顺畅的动线会带来空气、光线的对流，是维持居家健康的好帮手，不仅有助于健康与开阔空间动线，更能变换居家空间的丰富度。

评估 02

隔断产生畸零角落的住宅：
固定隔断造成通风死角
解答：见P192+P214+P230

狭长形基地的住宅：
空间深度与采光皆不足
解答：见P52+P64+P186

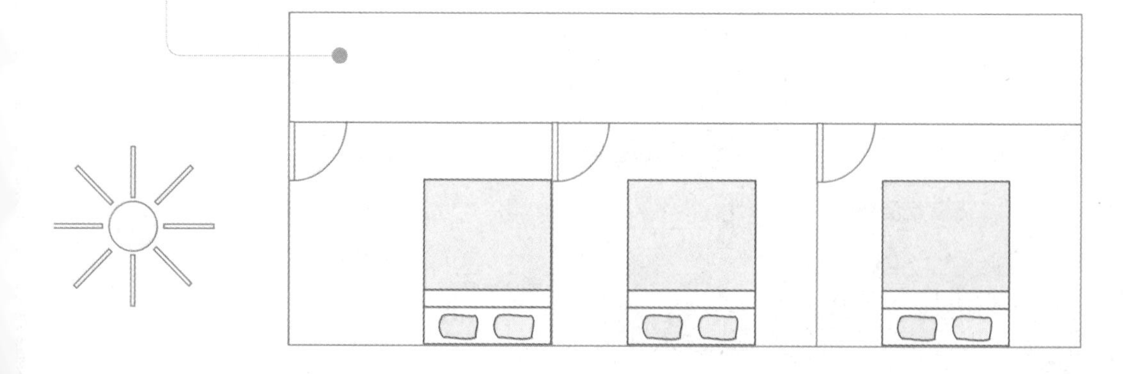

业主的全部行为都被照顾到，就住得舒适

每位业主一生中都可能经历不同的家庭成员组合，对于有小孩的夫妻与退休银发族绝对会有不同的格局安排，例如年轻的业主忙于工作需要较宽敞的睡寝空间，退休的老人白天长时间在家，所以需要更宽敞的公共空间。除了卧室最好保持独立的空间之外，书房、和室与厨房都能通过半开放式的手法来与客餐厅互动，书房可运用玻璃材质的拉门来区隔；厨房则可使用隐藏门设计，在不烹调时能将门合进墙壁，与餐厅一起形成宽敞的活动区域。

评估 03

居住成员正值变动期的住宅：
需要书房，原来固定的房间数不够使用

解答：见P58+P102+P122+P174

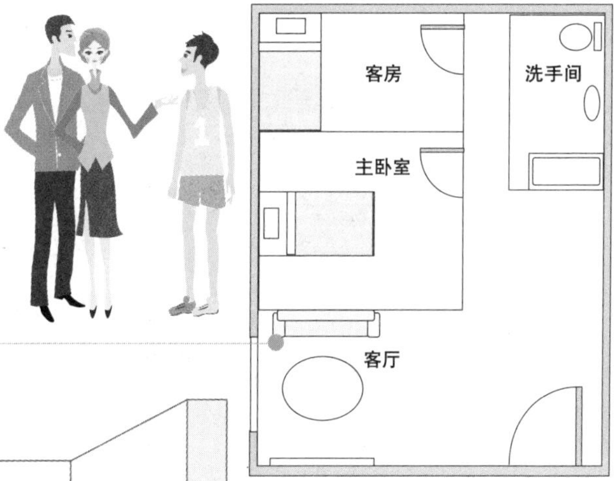

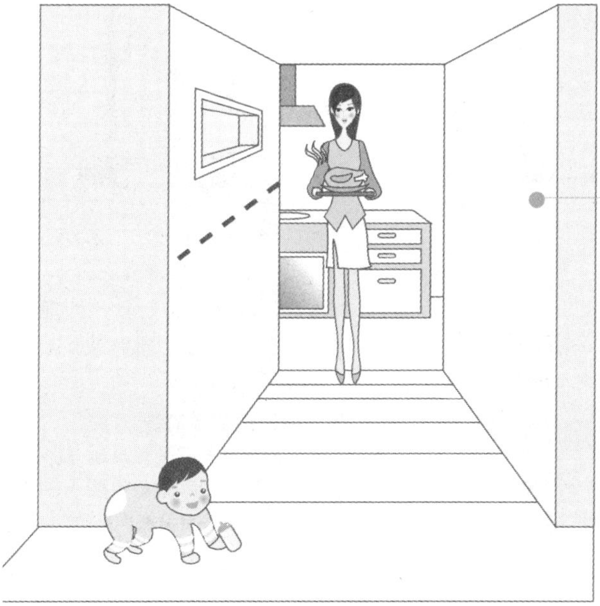

厨房使用频繁却很小的住宅：
下厨变成妈妈一个人的事

解答：见P92+P142

弹性空间大优势

3

空间魔术师
规划出住一辈子的方案

住一辈子使用方案

张成一设计师自宅这样做：
家人不变心、亲子不疏离的居住格局

张设计师手绘平面图

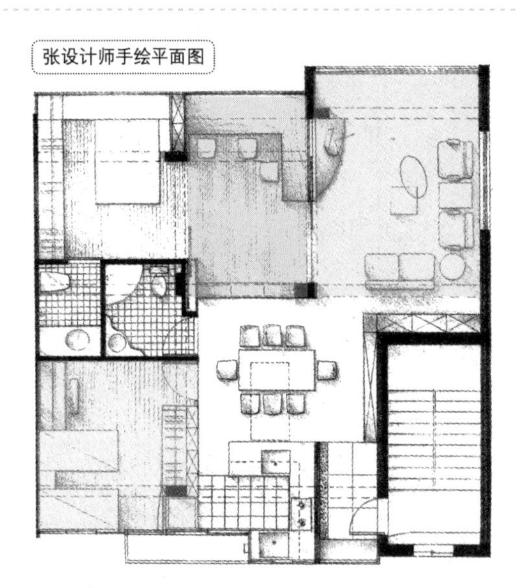

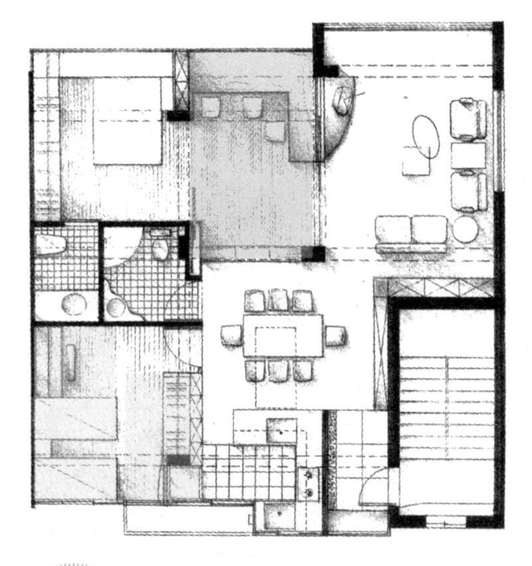

阶段 01

幼童时期共用大房间

夫妻两人加上两个女儿时，选择让孩子共用一间房间，姐妹两人感情不好也难！

书房是全家中心

书房安排在主卧室与客厅中间，连通的空间感让孩子活动不受限制，父母随时能照顾。

阶段 02

儿童房一间变二间

如果是生一男一女，也能等到孩子初中时期再分房。

共用书房适合请家教

刻意规划出够大的弹性隔断书房，张设计师希望一回家就看到孩子在书房念书，而不是各自窝在房间里。

我的空间经验来自于我的生活经验且不断的在修改！～张成

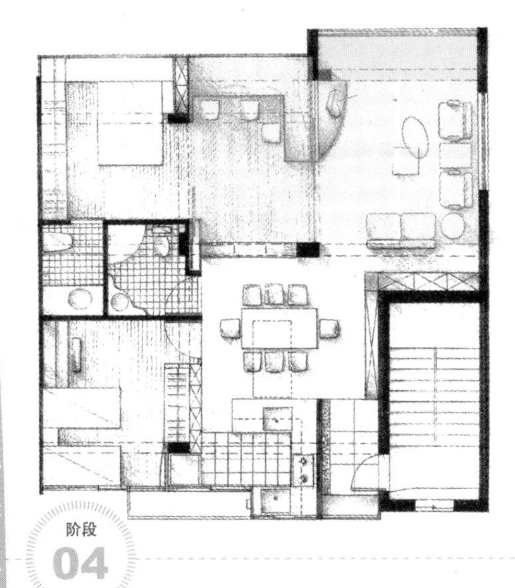

阶段 04

孙子长大需要独立房间

假设需要为孙子多准备一间房间，原客厅区域挪用部分面积作为卧室隔断，而书房移到原客厅的阳台区。

客厅换位置

客厅就改到原本书房的位置，马上多出一个房间，水电管线通通不用改。

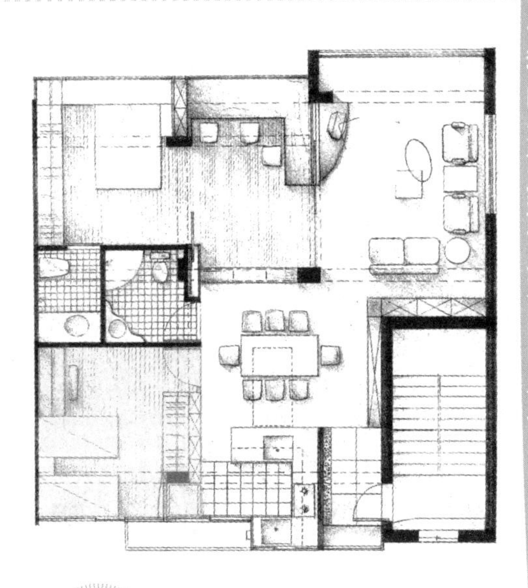

阶段 03

第三代出生，又可恢复大房间

当其中一名孩子结婚后要与父母同住，原格局仍足以使用，日式木地板书房更是育儿游戏间的好场地。

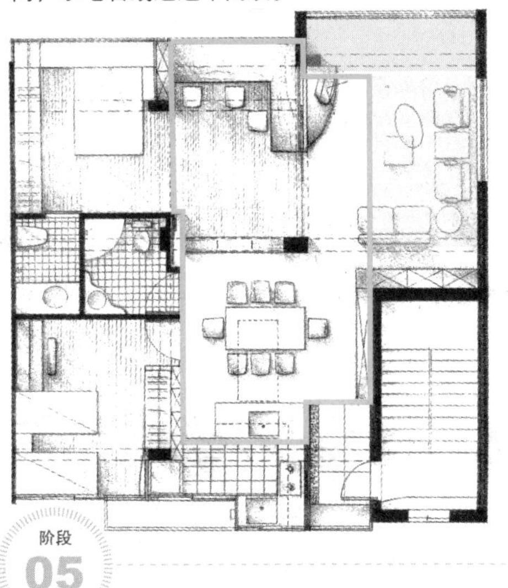

阶段 05

老年期，可邀好友们同住，彼此照顾

如果儿孙皆离家居住，现阶段两房加开放式客餐厨的空间规划还是相当宽敞舒适的，甚至可邀老朋友们同住，彼此照顾。

卧室　书房　客厅

弹性空间大优势

3 空间的经济学家
用时间换出预留空间

住一辈子使用方案

利培安设计师自宅这样做：
客厅是电影院、客房晒棉被的多功能设计

景美利宅after平面图

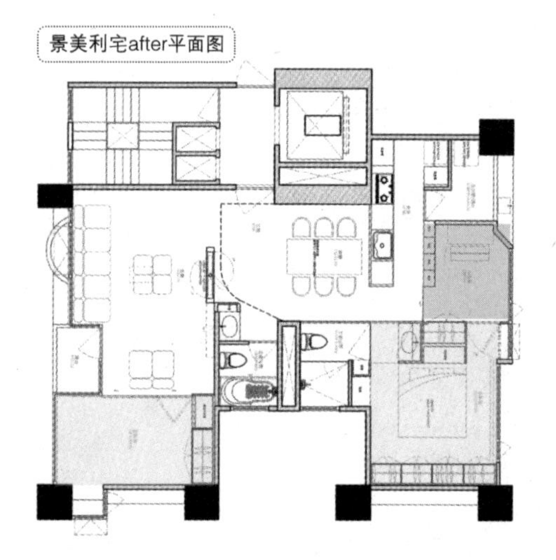

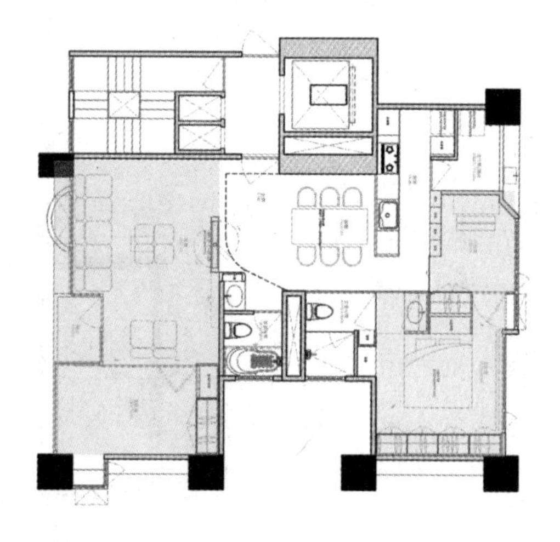

阶段01

新婚期的家，房间处处相通像大套房
两人世界时期，设计书房与主卧相通的隔断，就算其中一人待在书房，也感觉彼此很亲近，位处西晒面的客卧室还可晒棉被。

阶段02

孩子出生后，书房变婴儿室
当有小孩时，书房可暂作临时性儿童房，成为可随时照看、训练孩子独立睡觉的空间。

卧室　书房　客厅

当隔断定义出空间，让机关来克服技术问题～利培安

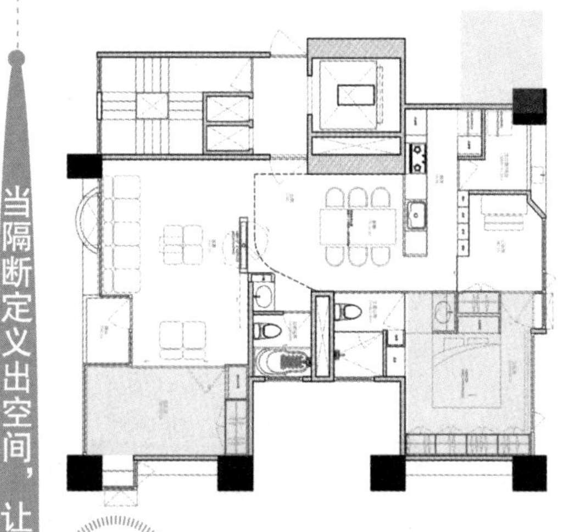

阶段 04

把主卧室与书房让给新婚夫妻与出生的孙子

当孩子婚娶并孕育下一代，居住成员为三代同堂时，原主卧与书房可给第二、三代循环使用，父母亲可移居至客卧室区，弹性拉门让行动更便利且采光良好！

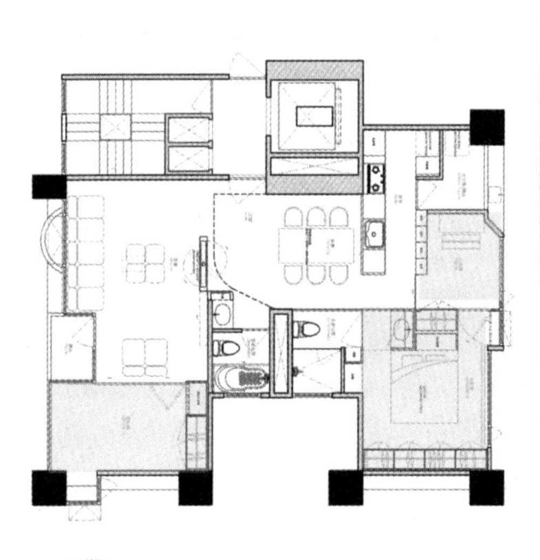

阶段 03

小孩进入青春期，把弹性客房变成独立房间

小孩略大后，原位于客厅区的折叠拉门隔断客房可作为较宽敞的儿童房，即便日后孩子婚娶也适用。如果有两个小孩，书房亦可改为儿童房使用。

阶段 05

孩子和孙子离家后，还可招待朋友与其同乐

如果孩子离家另筑新巢，公共区域的生活一点也不无聊，因为有移动兼旋转的电视墙，在客厅、厨房都可以看电视，换个方向面向书柜而坐，拉下投影布幕客厅就是小电影院。

弹性空间大优势

4

收纳+机关
化收纳于无形更有趣

“想要有多一点的收纳空间”几乎占据大家心愿的前几名。但该怎么做才能既收纳得整齐又额外变出魔法空间？首先应先全面搜检收纳需求量后，分配到适当的空间里。接着，将收纳与隔断墙进行弹性且机关的结合，让物品能仔细分类、就地归位外，随着生活习惯及未来需求而扩展到生活空间中，将收纳化于无形。

图片提供／俱意设计

Point 01 玄关区——用清爽的门面迎接来访的客人

拥有一个好的储物空间能有序地收纳鞋子、雨伞、清洁工具，甚至是行李箱等大件物品，若再加上电器箱、客用洗手间等设施，就得妥善运用隔断进行仔细整合。

弧形壁板统一线条，看不出收纳区和洗手间

在玄关里，设计师运用弧形型壁板统一整合鞋柜及洗手间，让收纳与隔断相结合，用清爽的门面迎接来访的客人。

Point 02 客厅区——将视听设备、收藏一起整合

许多人的家中都拥有电视、喇叭、播放器、遥控器等视听设备，若再加上wii跟PS2、收藏的CD和DVD，家里几乎要爆炸了！

左下图展示壁柜既是隔断也能整合视听设备

除了利用电视柜整合所有设备与收纳外，若能将其与隔断进行整合，就是一个超省空间的收纳术。不过在进行设计的同时，也别忘了运用可穿透性或半穿透性的材质作为隔断，才能顺利地使用遥控功能，让机器乖乖地听话。

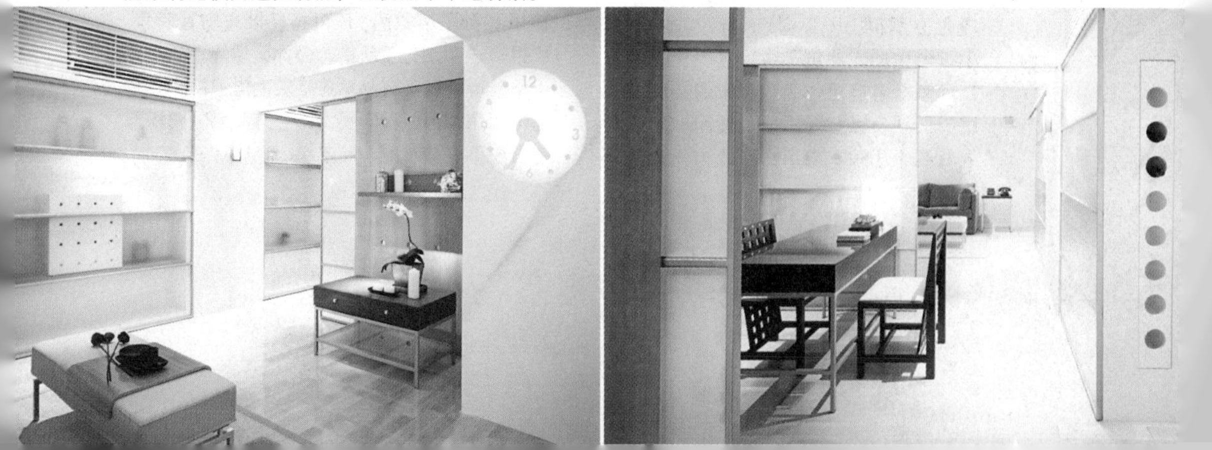

Point
03 书房区——用书柜当隔断既坚固又隔音

常被安排或设置在客厅旁的书房，是可以作为弹性隔断的地方。无论是作为客厅空间的延伸还是仅为阅读或处理工作而存在，甚至作为临时的客房，都赋予书房多方面的功能。

书柜后方的壁板既是装饰也是门板

为了增加书籍的收纳空间，设计师建议可以将书柜直接作为隔断，只需注意书柜的承载量，装满了书本的柜体本身也是隔音的好利器。

Point 04 儿童房——视未来需求而进行弹性变化

为了顺应孩子们的快速成长，运用弹性隔断来设计儿童房是最适合不过了。设计师建议：在孩子还小的时候，若是同性别就可以共同使用空间，培养手足情谊；若是非同性，也可使用帘幕或家具等移动性高的材料作为隔断。

以大型橱柜做房间隔断

当孩子渐渐成长，可以衣柜或书柜作为隔断墙，又可增加收纳功能。例如：两间儿童房中间的隔断，因打开方向不同而作为各自衣柜。

Point 05 卧室区——将视听、衣物与盥洗隐入墙面

想要在私密空间内好好地享受舒压时光，宽阔无障碍的视觉感，可以让人产生久待的欲望。

衣柜和浴室入口一起规划

设计师将书房的书墙作为卧室的电视墙，并将DVD设备崁入其中，同时也将衣柜与浴室入口统一规划，藏于卧室壁板内，让整个卧眠空间整齐且舒适。

Point

06 客厅区——隐藏吧台变换白天夜晚不同风貌

虽然是小面积空间的客厅，但设计师仍以充满巧思的方式进行设计。躲在客厅沙发旁的隐藏吧台，可根据业主的需求而收进（隐藏）或拉出使用。平日白天只有业主一人时，可将吧台完全收进（隐藏），增加空间的舒适感；而当夜晚与朋友相聚时，又可拉出吧台作为放置饮料、小点心的场所，极为便利。

住宅知识王

收纳材质要慎选

在许多主卧室的规划中，设计师有时会将更衣室作为卧室与浴厕的弹性隔断。若是如此规划，记得在浴室加装通风系统，经常排除湿气；选择衣柜与隔断的材质时要注意防水、防潮，如此才不会让收纳的美意变成困扰。

Part 1

打破不必要的隔断

30招弹性+收纳机关设计大观念

你还相信几室几厅就要几道隔断墙吗？结果把家变成了迷宫！为了收纳物品，买回巨大的橱柜与数不清的塑胶整理箱？到底是人在住房子，还是物品在住？请看隔断机关BEFORE & AFTER，一道滑轨门就帮家变出更多空间，甚至让大容量收纳柜消失。

善用隔断机关，不用固定墙面也能做出三室两厅

> 弹性隔断机关王

01 木质“滑轨门扇”
02 主浴、客浴二合一
03 360°旋转
04 看不见厨房
05 房间通通开放
06 亲密又独立

> 收纳机关王

01家就是一件业主的大玩具！
02提升面积解决小卧室危机！
03每个人家中都有个小图书馆
04永远的收纳王道：一物多用

弹性隔断机关王

1 生活空间被墙吃掉了吗？

善用隔断机关，不用固定墙面也能做出三室两厅

Before 01 要看电视就要有电视墙？

图片提供／力口建筑

生活中有很多已经不合时宜的住宅使用方式仍被延续使用着，像是电视就一定要放在客厅的电视墙上？厨房位置一定得跟后阳台连在一起？遇到迷你的套房还能依样画葫芦吗？这沿用几十年的设计背后道理为何？习惯容易令人忘记追求更美好、更符合现况的住宅生活，或许永远没有最完美的室内设计，但真正能打动人心的设计师，绝对能针对每位业主的需求与梦想提出合理且兼顾面积的平面规划。6个你从来没注意却是最浪费面积的格局规划，提醒你要重新思考房间的意义！

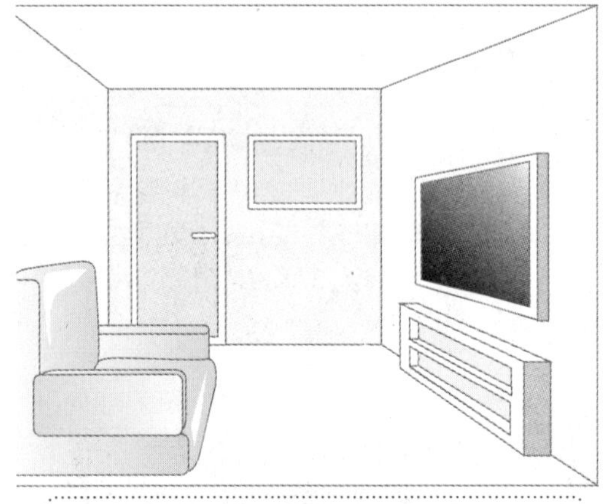

电视就得摆在客厅，摆在客厅就得有一面电视墙

我们已经相当习惯在客厅摆上一台电视并且将其置于一墙面上，并将其定义为“电视墙”，但这道被固定的隔断墙同时也限制了人们的生活方式，客厅变成了只是看电视的地方。

其实这样做更好

After 01 会移动的旋转电视墙，客厅不再只是客厅

会旋转的电视兼顾了餐厨与客厅的视听需求，但如果电视墙还能移动，客厅的使用方向与方式不再受电视墙的限制，开放连接的客餐厅可以变成办派对的好场所，转个方向放下投影，客厅立即成了播放电影的两人小剧院。

Before 02

一定要有随时备用的客房?

摄影 / 沈仲达

一年365天只被使用不到2次的客房

想必很多人家中都有准备这样的房间，一间有模有样的卧室，其功能为孝敬老人或招待访客，一年用不了几次，就算父母亲友来过夜往往不超过一个礼拜，却还得备妥棉被枕头随时待命，但实际被使用的天数却少得可怜。

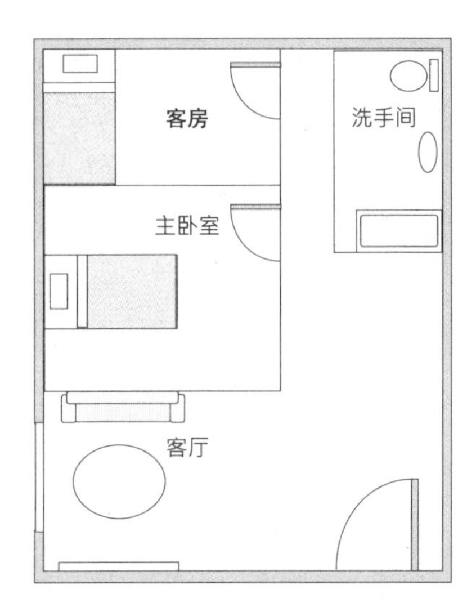

其实这样做更好

After 02

橱柜藏床铺，一秒变出客房

客房不是让人参观的样品屋，所以用不到的时候最好能被「收纳」！让有限的室内面积可以得到更有效的运用，这个设计可以运用在书房、客厅等区域，只是过个夜，无须特别浪费$2m^2$~$3m^2$成为家中的闲置空间。

马桶、洗手台和淋浴都归浴室管?

图片提供／近境制作

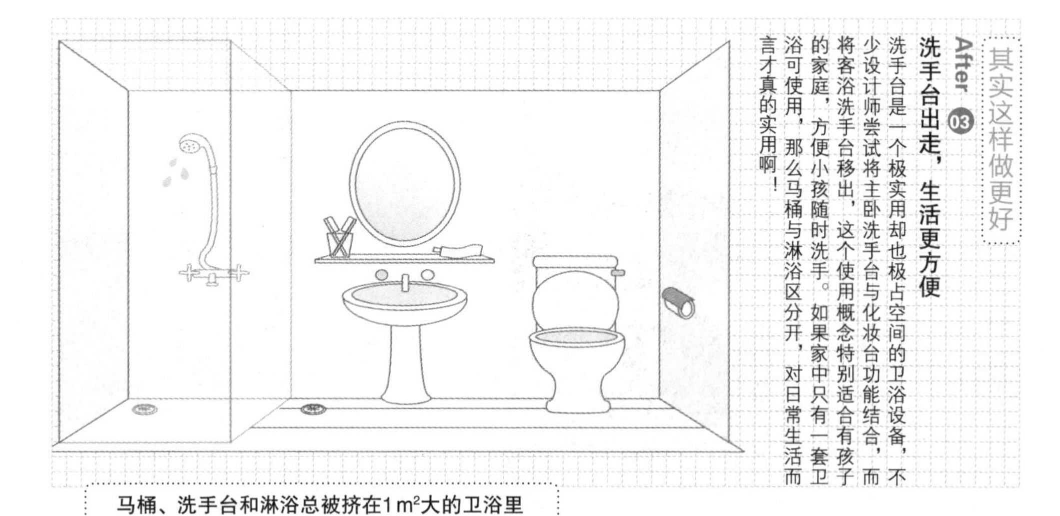

其实这样做更好

After 03 洗手台出走，生活更方便

洗手台是一个极实用却也极占空间的卫浴设备，不少设计师尝试将主卧洗手台与化妆台功能结合，而将客浴洗手台移出，这个使用概念特别适合有孩子的家庭，方便小孩随时洗手。如果家中只有一套卫浴可使用，那么马桶与淋浴区分开，对日常生活而言才真的实用啊！

马桶、洗手台和淋浴总被挤在1 m²大的卫浴里

▲现在的室内空间规划，通常主卧备有一套卫浴和一套客浴，但如果每套卫浴都要有淋浴间、马桶和洗手台，光是为了卫浴内的动线规划就会占用不少面积，别妄想再放进浴缸了。

被开发商绑死的厨房+后阳台？

图片提供／逸乔室内设计

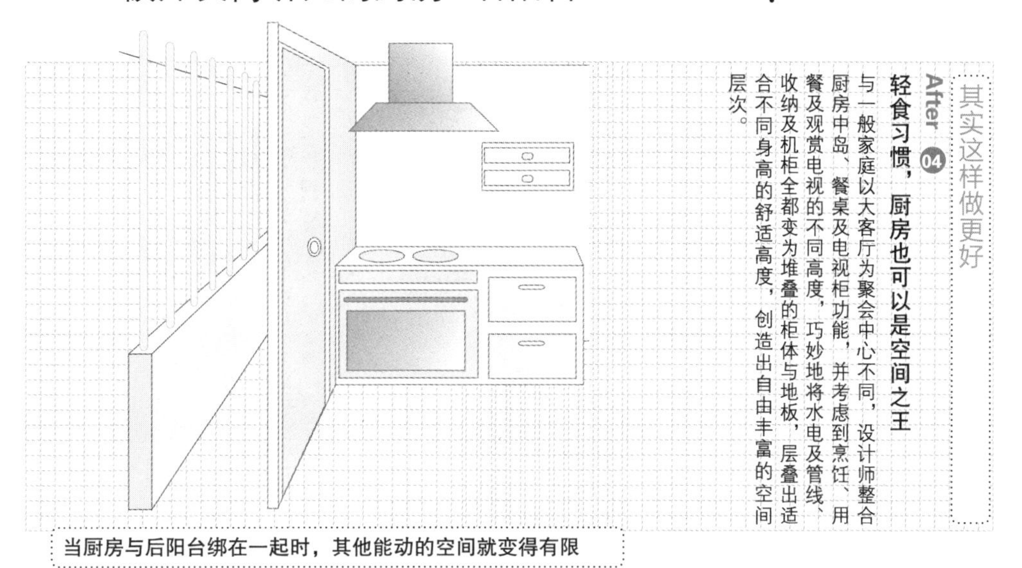

其实这样做更好

After 04

轻食习惯，厨房也可以是空间之王

与一般家庭以大客厅为聚会中心不同，设计师整合厨房中岛、餐桌及电视柜功能，并考虑到烹饪、用餐及观赏电视的不同高度，巧妙地将水电及管线、收纳及机柜全都变为堆叠的柜体与地板，层叠出适合不同身高的舒适高度，创造出自由丰富的空间层次。

当厨房与后阳台绑在一起时，其他能动的空间就变得有限

因为过去大多使用煤气罐，出于安全考虑，100位建筑师中有99位都把后阳台跟厨房看作是一个整体的格局规划，这个习惯的延续造成至今进行室内设计时，该区域的可变化性被绑死，换个角度想，为什么不是浴室连接后阳台，衣服脱了就直接丢进洗衣机呢？

卧室越大=客餐厅越小?

图片提供／将作空间设计

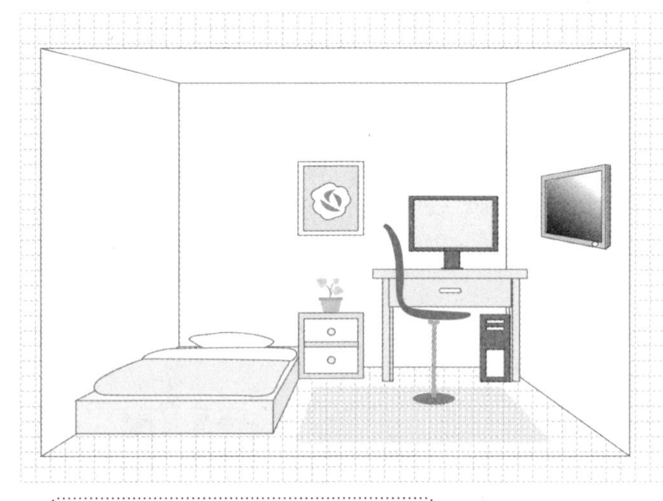

一间功能齐全的卧室简直变成小套房了

业主容易期望卧室越舒适越好，因此塞进很多原本不该有的东西，如：书桌、电脑、电视等，简直就是把卧室当作一间小套房，那还需要客厅的存在吗?

其实这样做更好

After 05

白天开放卧室，形成双动线空间游戏

「与其做一间孩子们一旦长大，就闲置不用的游戏间，何不让空间游戏来取代游戏空间呢？」由主卧室出发，穿越儿童房、书房、餐厅至客厅，是两条平行纵走的动线，形成一个自由的循环，空间与空间、爸妈与孩子之间是亲密互动的。随着采光面的动线全然开放，空间中行进的方向爱怎么走就怎么走，打破生活区域化的传统思想，将亲子关系深化于生活。

家里某人要有专用书房?

图片提供／界阳＆大司室内设计

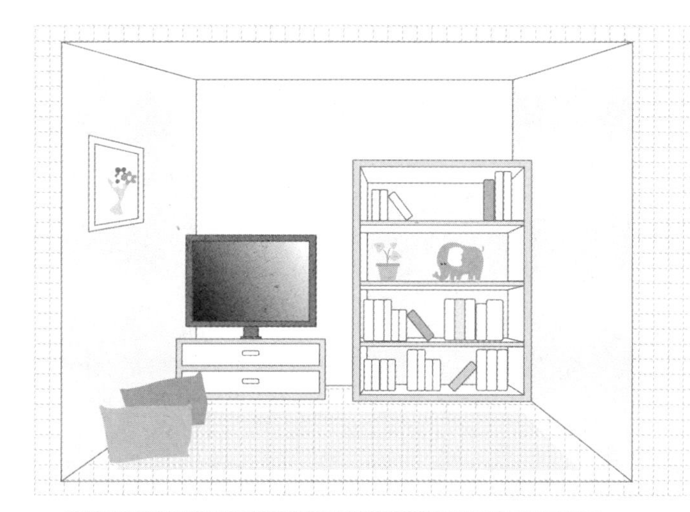

其实这样做更好

After 06

一个看书的座位，在哪都可以

书房是所有房间中最不讲究隐私的地方，因此它并非一定要可关闭，也不一定要在房间里。与客厅互通便可加大聚会空间，与餐厅连接成为延伸餐桌，与主卧相邻成了饭店式商务套房，把书房的功能当作一个看书的位置，设计就拥有无限可能！

想要看书、在家工作就一定要有个叫“书房”的地方吗?

有限的空间里硬是要塞进一个书房！又或者延伸出书房兼客房、书房兼游戏房的室内空间，没有隐私考虑的话，隔不隔、房不房根本不重要，何苦浪费面积?

弹性隔断机关王

2 一片搞定 挑战以一抵三的木质滑轨门扇

设计、图片提供／王俊宏室内装修设计

喜爱宴客的业主，分分钟钟把生活过得都很精彩，除了美食与美酒，连气氛细节都很注意，光是大餐厅当然不够，要怎么规划周边的生活空间来相隔合呢？设置吧台与酒架区结合成完美整的体备餐空间。犹如装置艺术般的ㄣ字形的拉门杆滑轨门扇，可轻易地往左右拉动，厨房炒菜时可阻隔油烟、多功能室娱乐时可阻绝噪声，一门就可灵活多用。

机关01 拉门向左→社交和家庭生活一起进行

有时候朋友来访谈天或讨论事情，孩子们还有自己喜欢的生活，打电视游戏或看卡通，拉门分开两个区域，让父母和孩子都可以享受自己喜欢的生活。

机关02 拉门置中→挡住酒吧区，单纯用餐

有时也可以充当太太们的料理教室，酒吧区瞬间消失，但是前方的中岛台面也可以当作备餐操作台面使用，也能避免小孩子拿到酒饮。

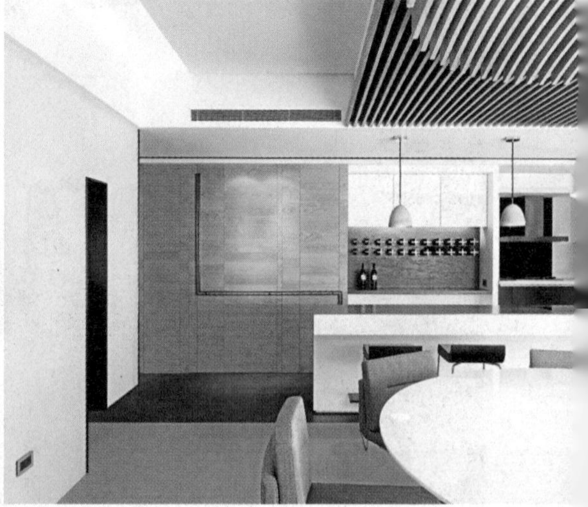

平时煮中式料理，再清淡都避免不了油烟扩散，空气中总有一丝异味，厨房拉门就可以完全解决这样的困扰。到了周末的夜晚，酒吧的餐厅马上变身高级的游廊酒吧，设计师精心地在墙面装置铁制品酒架，以栓入的方式固定，每个铁制品的结构、长度与承重都需经过精密的计算，可随业主喜好选择十字或交叉的摆放方式。

机关03 拉门向右→挡住厨房，就是游廊酒吧

Profile

王俊宏 / 王俊宏室内装修设计

台湾实践大学室内设计系
上海俱意室内设计有限公司专案设计师
广东镇研空间设计专案设计师
现为王俊宏(台湾)室内设计事务所负责人
2006中国(深圳)第二届室内设计文化节餐馆酒吧类铜奖
2007 IF DESIGN AWARD
2006中国(深圳)第三届室内设计文化节 住宅类 银奖
2007 15th APIDA DESIGN AWARD 住宅类 铜奖

弹性隔断机关王

2 双入口隔断法
主浴、客浴二合一更弹性实用

设计、图片提供 / 将作空间设计

格局设计牵动隔断方式，向来善于解决各种空间疑难杂症的张成一设计师，有感于城市居、大不易，经常对业主灌输的观念之一就是："不要为了短暂的访客，牺牲自己应有的享受。"他将两间原本毫无特色的狭小浴间，改造成一处拥有双马桶、双台面，明亮、弹性而且极度舒适的洗浴空间，并以客厅沙发过道旁两个相连的白色高柜为轴心，两边配合高柜造型规划出可由两侧进出浴室的轻巧折门。

机关01 折门关起→柜体当隔断，卫浴全隐藏

原先的格局为四室，每个房间都很小，两间浴室与厨房同样又小又挤；若是根据房型配置客、餐厅，会形成一长条横贯全宅的走道，大半空间都被浪费了。重新规划后，大大的二合一浴室隐藏在白色柜体后完全看不出来。

机关02 玻璃拉门折叠→打通的大卫浴变身独立双卫

二合一的宽敞浴室拥有双马桶、双洗手台面，如果有客来访时，只要拉出收叠于柜间的玻璃拉门区隔，即可恢复两间浴室各自独立的状态，也就是一间大卫浴一样可以两人同时使用，不用抢也不会尴尬。

客厅过道旁规划的宽敞浴室，采用的隔断方式以两个相连的白色高柜为轴心，两侧配合高柜造型规划出由两端进出浴室的轻巧折门，化解了原格局造成一长条横贯全宅的闲置走道问题！也让居家生活动线更为弹性、灵活。

机关 03 折门打开→卫浴双通道，前后方便进出

Profile

张成一 / 将作空间设计

中原大学建筑系学士
淡江大学建筑研究院硕士
现为开业建筑师暨将作空间设计主持人

弹性隔断机关王

2 魔术电视墙

360° 旋转功能 走到哪看到哪

设计、图片提供／博森设计

不难发现很多人的家都有两台以上电视，而且通常是客厅、餐厅各一台，但有时这样的做法有点浪费空间与金钱，因为多一道可运用的墙面就能多一点设计创意，相反地，多一台电视就多占用一道墙面。博森设计总监潘龙运用开放、通透的设计来规划公共空间，再利用360°旋转电视墙来满足功能，让92.4 m²的住宅拥有超广角的视觉及景深，最棒的是，客厅、餐厅、厨房、书房都可轻松看电视。

机关01 玻璃隔断推开两侧 →跟着人转的电视，好享受

想满足在家中任何角度都可以看到电视的要求，只要将书房玻璃墙设计为一堵可随意旋转的电视墙即可，除了坐在客厅沙发外舒服地看电视外，转个面在书房也可以看，餐厅跟吧台区也没问题。轻盈的玻璃墙搭配大尺寸薄型电视让影像观赏更自由，而悬吊式的喇叭装置则取代笨重量体，同时确保音乐享受不打折扣。

机关02 玻璃隔断两侧紧闭→隔出书房，不影响空间感

在增大空间感的考虑下，位居客厅与餐厅中界点的书房，以玻璃隔断取代实墙，在不造成室内空间压迫感的前提下，保有书房功能的独立性，并将餐厅展示层板延续至书房，使整体视觉更具有延伸感。

机关03 玻璃隔断推开一侧→一秒一动作，餐厅变两倍大

原本用来工作、阅读的书房，只要推开与餐厅间的玻璃弹性隔断，整个用餐区顿时扩大了一倍。书房邻界两区域其实很受干扰，在这里却能以弹性隔断活用空间需求，当两侧玻璃隔断完全打开，书房、餐厅和客厅就成了一个大的开放空间。

Profile

潘龙 / 博森设计

东南技术学院毕业
O-PALI家俱家饰设计执行总监
现为博森设计工程有限公司设计总监

弹性隔断机关王

2 电视墙横行
看不见厨房的最佳隔断方案

设计、图片提供／尤哒唯建筑师事务所

小空间厨房时常因为规划需要附设在进门的玄关处，穿脱鞋子和厨房连在一起，想到就很不卫生。尤哒唯设计师选择把既定格局的框架全部拿掉，重新整合空间的关系，把厨房置于空间的中心，界定公私领域，简化餐厅空间，促使客厅功能性提升，经由厨房开始串联起与其他空间的关系，并利用走道、活动电视墙增加空间的实用性和趣味性，让37 m²的小空间，也有了两室两厅的功能性，更加强了空间中采光的流通，解决了长形房屋的种种问题。

机关01 电视墙往右→一片多用，省下一台电视

设计师移动厨房位置、阳台外推后，竟然多出了一室空间，可以作为视听室或客房使用，同时也利用架高木地板，下方做收纳用途，放下拉帘后私密性充足得以作为客房使用。当电视墙往右移时，这个空间就像是第二起居室。

机关02 电视墙置中→厨房水渍脏乱立即消灭

当厨房成为空间的中心，加上客厅兼餐厅使用的高面积规划，从厨房上菜的动线变顺畅了。由于悬挂在天花轨道上的电视墙，可移动至空间任一角落，对厨房台面而言，它是隔断也是电视墙，一推厨房就藏起来了。

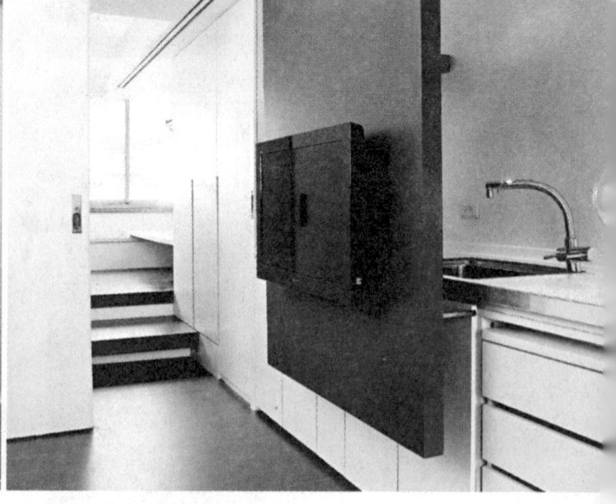

长形屋两端右侧为书客房、左侧为主卧，前者可以卷帘为隔断、后者利用拉门，当电视墙移动到主卧时再推出弹性隔断拉门，主卧顿时升级为饭店套房。等于一台电视就能让居住者可以在任何的空间，都能体验影音声光的撼动。

机关 03 电视墙往左滑→主卧升级饭店套房

Profile

尤哒唯 / 尤哒唯建筑师事务所

东海大学建筑硕士
大元联合建筑事务所设计师
现为尤哒唯建筑师事务所主持建筑师

弹性隔断机关王

2 拉门成墙
滑门让房间通通开放　家人没隔阂

设计、图片提供 / PMK+Designers

我们已经渐渐习惯在住宅公共领域以开放式设计来获取最宽敞的生活空间，那么对于卧室、书客房等被称为“房间”的地方，是否准备好让它们也能弹性开放了呢？讨厌小孩总是像房客般关在自己房间里的父母，一定会喜欢这个空间的弹性隔断方式！杨宥祥设计师以四片滑门作为卧室的弹性隔断，卧室越开放，家人间的互动也跟着变多。

机关01 全室滑门打开→视觉、动线畅行无阻

当卧室与书房间的各四片滑门打开时，不管站在何处都可以轻松照顾到家人。就隐私性而言，拉门可由居住者决定开放程度，有别于容易将人拒之房外的喇叭门扇。其次，弹性隔断对室内采光、通风也非常有利。

机关 02 全室滑门关上→ 滑门成墙，来宾止步

统一的设计有助于室内风格的营造，该户设计以多片滑门取代传统硬式隔墙，当所有滑门拉上时，“门”看起来犹如“墙”一般，与一楼公共空间形成互不干扰的区域。

机关 03 书房滑门打开→ 站在二楼，关照全室

不需要过多隐私的书房，适合经常性保持开放，此种设计形式比传统隔断方式要恰当得多，亦是与一楼公共空间产生紧密互动关系的重要格局规划。

杨宥祥 / PMK+设计师

2002年毕业于美国华盛顿州立大学

2002年获得建筑学学士学位
2001年获得建筑研究理学学士学位
现为PMK执行总监

弹性隔断机关王

2

隐藏式无锁拉门
亲密又独立的卧室隔断设计

设计、图片提供／近境制作

枕边人的打呼声，很晚才上床，半夜上厕所等习惯所造成的干扰，让人烦不胜烦；然而有人陪的温暖、有人在的安全感，让老年的夫妻希望拥有彼此照应又不受干扰的距离。唐忠汉设计师以两张单人床为轴心，规划出可双向循环的回字形动线，并利用隔断与多处轻巧的隐藏式无锁拉门设计，让夫妻俩可依不同需求适时界定空间，又能彼此照应、相互陪伴。

机关 01 动线往后走→更衣、卫浴好方便

设计师利用回字形走道，平均地分配了空间中的更衣、睡眠、卫浴三处区域。只要轻松地操作特定拉门，就能让空间成为单人房+浴室、单人房+更衣间、单人房+更衣间+浴室，或者一整间大套房等，满足随心所欲、各取所需的生活自主性，更满足了年长夫妻渴望保有自我，同时又不寂寞的幸福滋味。

机关 02 动线往前走→左右进出不阻碍

两间卧室加更衣室几乎等于四合一功能的睡眠区域，自然形成较宽的隔断立面，不偏向任何一侧，而是以左右对称的方式大方打造两个从各自卧室通往客厅的出入口。其次，设计师同样利用轻隔断的厚度，将拉门巧妙地隐藏起来，比起往内推的喇叭锁门扇更方便年长者进出。

机关 03 回字形动线→两人生活跳恰恰

年老时，两个人亲密又独立是最难能可贵的事。唐设计师设计的回字形动线，看似隔出两间卧室，并将更衣间、 浴室安排在床头背墙后方两侧，但其实各功能区域间以隐藏式无锁拉门互通往来与界定空间。

唐忠汉 / 近境制作

1998年 毕业于中原大学室内设计系
2003年 成立近境制作设计有限公司
2007年 荣获TID台湾室内设计大奖 居住空间大奖
2008年 荣获TID台湾室内设计大奖 居住空间入围
2009年 荣获TID台湾室内设计大奖 商业与居住空间大奖
2010年 荣获TID台湾室内设计大奖 居住空间金奖
2010年 荣获好宅配大金设计大赏

收纳机关王

设计师创意家具

家就是一件业主的大玩具！

自由一直潜藏在我们心中，当空间超越需要满足的功能，衍生了弹性概念，光通过拉门、推门等“变”的方式所塑造出来的弹性立面，依旧无法真正脱离隔断束缚，把隔断拿掉，利用活动书柜、家具概念，让业主自行变动决定自由地面向，才是所谓的自由格局。特别是对有小朋友的家庭来说，把墙、隔断变成是一件件放大版的玩具，居住的环境会更有趣。

收纳提案 01

王思文设计师→

全能改造餐桌机关

图片提供／摩登雅舍室内装修设计

羡慕日本节目全能改造王里的各种机关设计吗？设计师说只要运用巧思就可以让家变出你想要的功能，以不常使用的餐厅为例，可以运用折叠式的桌面与可移动的收纳柜的结合，就能实现平常成为收纳区，保持空间宽敞舒适的感受；用餐时掀下变成餐桌或工作桌，随时满足业主的不同需求。

陈冠儒设计师→

书柜、书桌、脚凳叠叠乐

图片提供 / 拾雅客空间设计

最炫酷的创意总在生活中随机浮现，图片中看起来像玩具般堆叠的家具，正是陈冠儒设计师从积木中获得灵感，将工作区旁的书柜以全白喷漆，中间层板呈现不规则空格造型，倾斜的角度反而方便放置书籍，从完全契合的木家具中拉出一把座椅，下方再分离出脚凳，令人惊艳的创意设计，让许多参观者对其爱不释手，好想在自己家中也能有个积木般堆叠的书桌与家具。

收纳提案 03

连浩延设计师→

自由圈围，隔断带着走

图片提供 / 本晴设计

活动滚轮家具等于是移动的隔断，利用活动滚轮加折板 / 折门的方式设计家具，界定了空间属性， 平日把家具移向墙面，成为通透的大游戏场，到了夜晚或是孩子成长后，滚轮家具变成一道墙，满足孩子独立的私密卧室需求。看起来跟一般的墙壁一样，其实这一道道折板，能折叠出书架、座椅，亦可平整收纳。

收纳机关王

2 卧室收纳术

提升面积利用率解决小卧室危机！

很多人认为卧室内没有更衣室就很难有收纳空间，小面积的卧室，还想要同时拥有大容量的衣物收纳柜和化妆台该怎么办？明知道室内就这么大，还在妄想能不能有间独立客房或书房？设计师教你聪明地利用窗台下、书桌甚至梁下空间，轻松争取最大收纳空间与多元使用桌面，以后也不用再担心行李箱无处放了。

收纳提案 01

陈睿达设计师→

化妆台与书桌二合一更强

图片提供／王俊宏室内装修设计

化妆台与书桌设计能合二为一吗？收纳功能会被打折吗？利用窗台设计长形书桌兼化妆台，为增加收纳量，可以在书桌左侧下缘再设计收纳柜体，并利用活动滑板桌，解决抽屉开合问题，更为主卧增添了生活情趣。

吴怡贤设计师→

梁下是卧室的3.3 m^2奇迹

图片提供 / 其可设计

经常出国使用的大型行李箱，总找不到地方收，这是许多人会遇到的困扰，设计师巧妙地运用梁下空间，一方面避免睡在梁下的忌讳与可能造成的压迫感，另一方面床铺前移产生的后方闲置空间可拿来作为收纳空间。特别设计滑轨推拉门而非悬吊柜，就是因为如此可增加收纳空间的宽敞度，不管业主有多少大型旅行箱都能轻松摆放。

江欣宜设计师→

公主的秘密化妆台

设计 / 缤纷设计・摄影 / 沈仲达、沈孟达

总是摆满各式化妆品、保养品的化妆台，常常是卧室中最难整理干净的一块地方。因为早晚使用频繁，如果将瓶瓶罐罐收纳于盒中，虽然可避免沾染灰尘，但使用上又不是那么方便。设计师充分运用空间，将化妆台藏于活动电视墙之后，一物两用的方式，更能让视觉上显得单纯、干净。

收纳机关王

3 给书一个窝

每个人家中都有个小图书馆

无论是住宅还是办公室，同样逃不了的状况就是有收纳不完的东西，其中又以不知道该不该丢的书最麻烦，纸制品又重又占空间，但由于“以后或许会用到”的心态让家中总是堆满书。会不会是因为你从来没有帮书本们好好找一个摆放的地方，导致你没有心情去阅读、去判断它们的去留呢？该是做点改变的时候了！

吴启民设计师→

独立式柜体添风格

图片提供／尚展空间设计

定制层板或直接买一个收纳柜，哪种比较方便？在空间有限的情况下，当然直接定制层板和收纳柜的收纳效果最明显，但购买一些设计感或别具风格的五斗柜、书柜、展示柜等，能让空间多了焦点主题，如果空间尺度足够，再搭配上桌椅就成了私人阅读室。

收纳提案 02

陈怡君设计师→

国家图书馆式收纳法

图片提供／应非设计

根据业主的需要规划了瑜伽房，除了铺上软垫让业主可以在这里练瑜伽之外，也能在这里小憩聚会，同时也是多功能收藏室。为了收纳业主大量的书籍，除了客厅设有大量的书柜外，也在瑜伽房利用轮轴转动以移动书柜的方式，大量收纳书籍。

收纳提案 03

明代室内设计→

双倍藏书量的移动书柜

图片提供／明代室内设计

不少人应该都看过这样一个景象，那就是书柜空间已经摆满了书籍，剩下放不了的书籍只好变成前后重叠摆放，但往往放在内层的书根本就不会再动，甚至被遗忘了。如果你也是藏书超级多的人，不妨考虑这个双层收纳方案。柜体内层规划为开放式层架，外层设计三座活动式直立柜体，只要稍稍移动外层柜体就能轻松拿取内层书籍。

收纳机关王

高功能柜体

永远的收纳王道：一物多用

有限的可运用面积，再扣除掉梁柱所占用的面积，住宅内可使用的空间其实没有想象中的那么大，设计师们除了挪动格局隔断划出最有效的区域安排之外，他们也尝试为业主们量身定做一物多用、一体两面的高功能柜体，确保居住者未来的每一天不会被细琐的收纳小问题给打败！

收纳提案 01

游淑慧设计师→

可以当座椅的电视柜

图片提供 / 觐得空间设计

小巧空间以共享的概念规划公共区域，将书房与餐厅结合，不以餐具柜为展示中心，反倒以整面书墙作为焦点。集电视、影音、收纳与餐椅为一体的电视柜，是提升小空间功能的好帮手，椅凳下方更规划为收纳储物空间。用餐后，餐桌更可变身为书桌，全家一起阅读、做功课，更是促进亲子关系的好方法。

收纳提案 02

吴为谋设计师→

把电视柜藏进衣柜中

图片提供 / 绝享设计工程有限公司

卧室不够同时放衣柜和电视柜，但两个都想要怎么办？特别定制的衣柜结合电视柜，用门扇遮掩电视藏于衣柜中，上下左右刚好设置直立吊衣柜、上收纳柜、下抽屉柜，满足各式衣物收纳需求。也利用床头和窗台间的有限空间设置收纳柜。

收纳提案 03

刘国尧设计师→

多功能餐厨区

图片提供 / 自游空间设计

桧木橱柜下段设计多功能活动家具，活动餐台底部装置滚轮，平时收在橱柜内，拉开可作为餐桌和书桌，也不会损害地板。

Part 2

共用或专用 看家人习惯随时改变！

隔断机关王最强房间分割魔术秀

舒适，是因为只留下最少的隔断；功能，是因为完美运用可动式隔断。开启机关设计第一课，从新婚到三代同堂，都可能用聪明的弹性隔断机关，即使是狭长阴暗的旧公寓，也可以拥有明亮采光和三室大客厅。

> 长辈也能在家散步的设计
> 一座陪孩子成长的自然乐园
> 新生命诞生预备概念宅
> 享乐Loft大通仓的双向动线
> 每区都坐拥宽广海景

三代同堂这样住

长辈也能在家散步的设计

三代同堂的家庭最在乎的事，无非是希望老人和儿孙居住时感到舒适自在。

设计 / 将作空间设计　图片提供 / 将作空间设计

1 沙发区、谈话区、和室区可根据家人、访客等不同人群同时使用。
2 当长平台处于无隔屏状态时，是支持餐厨社交活动的最佳看台区。

Designer
机关王 张成一

> 有长辈的家庭通常亲戚之间互动频繁、亲热，逢年过节一定要有大大的交谊空间才够用；而且长辈的行动力和视线都没有年轻人的好，可是孩子们又需要丰富、变化大的设计，所以业主一家五口，需要满足三个年代的生活方式。

室内面积：297m²
家庭成员：夫妻、父母、二子
室内格局：四室两厅、书房、起居室
主要建材：玄关 / 夏目漱石大理石 · 客厅与书房 / 雅典娜大理石、庭园石、美耐板 · 餐厅与厨房 / 竹片热压板、超耐磨地板 · 卧室 / 超耐磨地板、美耐板、裱布

外廊平台贯连三区，整合椅座、廊道及daybed功能

当时搬进297 m²大的房子，等于是一般两户小家庭打通的空间，生活起来却是处处受到局限！原来诡异的扇形基地架构，加上原装修方式将山景、阳光都挡住了，此外，被限缩在角落里的餐厨区根本不方便大家族围在一起吃晚饭，甚至没有多余的客房可留宿。有没有一种可能是让长辈即使生活在位处市中心的住宅里，也能拥有无论晴雨、不管早晚都能一人安心散步且享尽山岚四季变化的惬意步道？可不可以规划一个让家族聚会时老老少少都玩得开心，实现含饴弄孙的热闹圆满场景呢？

1 客厅区在沙发背后另隔出一块谈话区，却又不影响整体空间的开阔性。

2 主卧墙面的拐角处使用玻璃材质，让房里的光线透进浴室里。

3 长平台顺着房子的线条展开扇形，成为最棒的室内散步步道。

老物件收藏融入现代日式空间，实现新生活空间愿望

设计师张成一打破封闭式隔断的做法，把日式建筑的外廊元素以长平台形式沿着窗边串成居家散步动线，并以三道弹性拉门隔断的方式满足临时性的和室与客房需求，关上两侧拉门，和室即是儿童房的延伸、关上三侧拉门并垂下木百叶帘便是客房，大大提升了长平台的多功能概念，开阔空间感之余，也让窗外景致与采光进驻室内。其次，考虑到家庭成员多且来访亲友频繁，将餐厨区移往长平台、面对山景的最佳位置，这时长平台又成为支持餐厨社交活动的最佳椅座，取代客厅成为三代同堂最好用的起居中心。

平面图告诉你的事

BEFORE

18个出入口把家变成迷宫

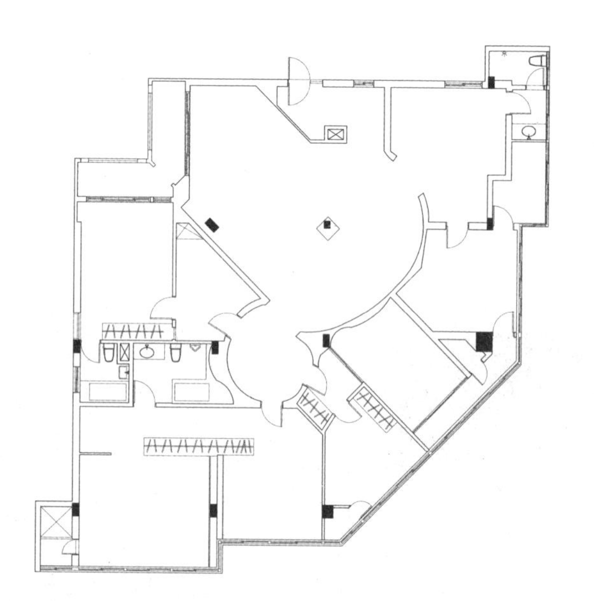

NG 1 **白天也要开灯：**咦！原来这就是扇形屋。原格局的山景视野都被一间间卧室给挡住了，难怪位于中心的客厅、餐厅采光差，白天都要点灯。

NG 2 **18个出入口的家：**原始格局5室两厅，却有多达18个像房门大小的出入口，297 m²的房子只看到处处是墙面。

NG 3 **四处都是墙的迷宫格局：**为了在扇形基地划分房间，原始装修采用双进式房间设计，简直像迷宫一样复杂，一间房间竟然多达5道以上的墙面，通风情况非常不好。

好弹空间 必学关键

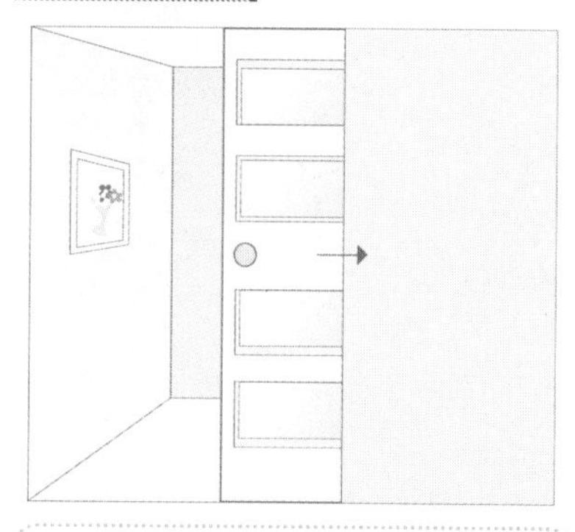

弹性隔断一定要藏在柱与墙内才利落

01 弹性概念 当长平台处于无隔屏状态时，是支持餐厨社交活动的最佳看台区。

平面图告诉你的事

AFTER
走廊平台连贯三区

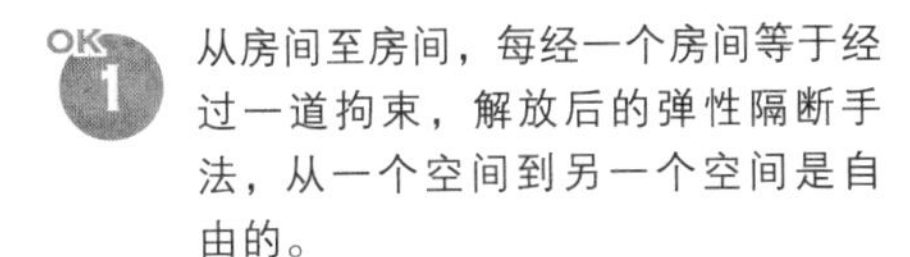

OK 1 从房间至房间，每经一个房间等于经过一道拘束，解放后的弹性隔断手法，从一个空间到另一个空间是自由的。

OK 2 通风完全不受限制，空气与温度都可以达到自然调节。

OK 3 改造后变成5室加上和室，效率更高，房间门却减少到5扇。

02 弹性概念 如果关上邻餐厅的拉门，和室空间成为儿童房的一部分。

03 弹性概念 关上长平台三侧拉门，和室就成了独立的客房，同时不影响公共空间采光。

破解狭长屋格局

一座陪孩子成长的自然乐园

当家里有成长中的小朋友，拥有弹性变化、提升亲子互动的格局就显得很重要，而且足以攀爬跑跳的活动范围不仅要够宽敞还要非常安全，考虑到学龄前儿童外出机会不多的状况，营造出让他们喜欢待在家玩的氛围，等于关注到了孩子的生活居住权益。

设计 / 太河设计　图片提供 / 太河设计

1 设计师的细节巧思表现在天花板上，刻意弯折重叠的块状设计，使空间增加了立体感与层次。

2 狭长空间被重新安排格局，公私区域通过整合可各自独立，生活动线变得通透开朗。

Designer

机关王 吴承宪

原本希望让生活空间更大而打通两间大约105.6m²的小套房作为新家，使用面积虽然变大了，室内却成为十分狭长的格局！让家中育有两岁小男孩的女主人感到相当困扰，因为成长中的孩子需要攀爬走跳的安全活动区域，营造增添亲子互动的生活环境亦是她最想为孩子做的事，但光是客餐厅林林总总的家具、电器该如何塞进来都是个问题，更遑论还想隔出游戏区。如果按照习惯性做法将主卧与儿童房规划在房子两端，两间卧室动线过远也不利于孩子目前最需要的随时看护，公共空间也将受到东西两侧隔断墙的压迫而显得局促狭隘。此外，狭长屋型难有独立式玄关与大型鞋柜，意味着众多鞋品可能将无处可放。为了这间房子的装修设计，女主人伤透脑筋找过无数位设计师寻求解答，却始终得不到满意的答案！

空间形式：电梯大厦
室内面积：105.6 m²
家庭成员：2人
室内格局：两室两厅
主要建材：玄关／风化梧桐木、壁纸・客厅／栓木刷白、特殊玻璃、雕刻白大理石・卧室／栓木刷白、壁纸

左2/3　右1/3，创造有效的亲子互动设计

把狭长屋型的劣势转化为动线单纯化的优点，让两岁的小男生可以在室内尽情奔跑。原本女主人只希望能有个养孔雀鱼的鱼缸，但设计师利用原储物柜的角落，改造成顶至天花板的玻璃温室，将鱼缸结合自己擅长的花艺植栽的设计，使用绿意造景植栽和粉色柔和的色系，在家就能喂鱼、赏花，让孩子喜欢待在家玩乐。格局安排上贴心地留出长形玄关穿鞋空间，墙面内则整合大型鞋柜室、工作阳台的暗门，让玄关更显得利落清爽。

零走道破解狭长感，为孩子留出弹性自由的未来

设计师吴承宪，一反房间设在空间两端的做法，以零走道的概念消除狭长空间感。他说："将公私区域清楚界定，就是化解狭长格局的第一步。"改为把主卧与儿童房统整在同一区块位置，接着客厅、餐厅与厨房区域全部打开，使走道感消失于无形中，加上具有可望见台北101的好视野，所以在规划餐厅的时候，以面向台北101设定座位，顺畅合理的动线安排随之俨然而生。私人区域方面，儿童房以拉门取代隔断，打开后成为客厅的延伸，就像一间专属的游戏室，女主人看电视时也能看见小朋友在地板上玩耍，日后男孩长大，可随时改成独立的房间使用。这样的空间规划大大提升了幼儿居住的需要与格局弹性变动的未来性，同时让女主人最在意的亲子互动问题获得解决。

1 因为客厅的宽度有限，因此设计师以活动式的圆木茶几取代大茶几。
2 由于小孩只有两岁，因此设计师特别把儿童房规划为开放式，打开就是客厅的延伸。
3 特别定制的小温室介于餐厅和客厅之间，业主随时都可与小朋友在此赏鱼、浇花。
4 主卧室以米色系打造温馨感，窗前的卧榻设计成为女主人最爱的休憩角落。

破解狭长屋 NG 与 OK

BEFORE

NG 1 好多设计师都把卧室放两侧、客餐厅摆中间，如果照这样的格局居住使用，很像把家人分成两边居住，也变相地使亲子关系逐渐疏离，这可不是业主期待的生活格局。

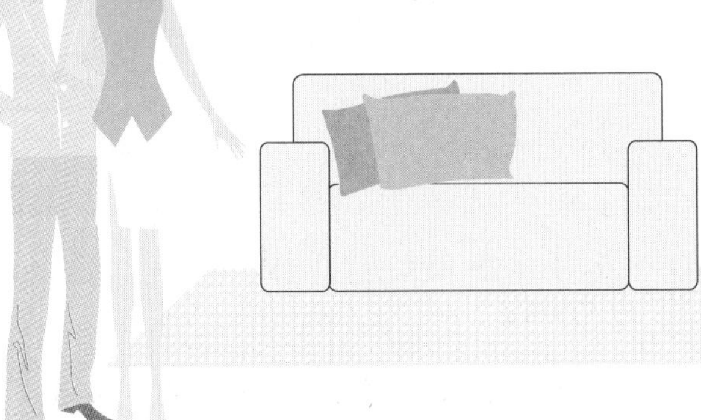

好弹空间

必学关键

01 弹性概念 卧室功能整合在一方，加大了客厅的使用范围，母亲也便于照顾幼儿。

Now

1. 屋内中央的半高电视柜，适宜地将玄关与客厅巧妙区分，将进门动线自然引入开放无隔断的客餐厅，无形中走道感就消失了！
2. 原来开发商规划为房间的区域，设计师移动管线之后，改为开放式的厨房空间，拥有可望见台北101的好视野。
3. 重整后的格局，生活动线顺畅许多，女主人不管在厨房、客厅、主卧都可以照看小孩。

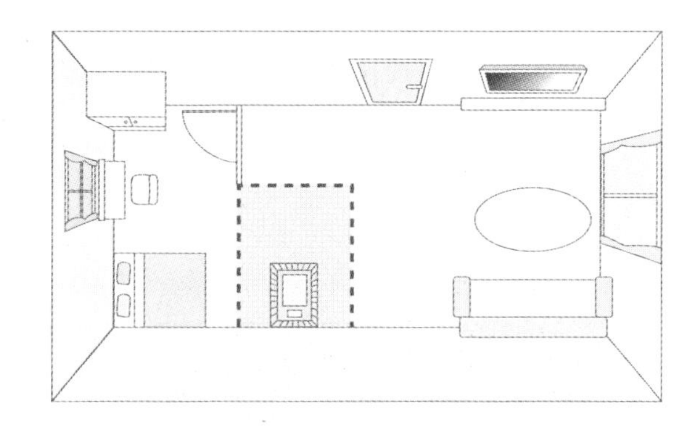

Future

OK 1 在成长中的孩子，房间采用弹性隔断加大空间，3道弹性拉门分布在主卧室与儿童房，可以随孩子的作息时间变化房间结构。

OK 2 孩子长大后可以将中间的活动门变成固定墙面，加上书架与书桌，足以用到高中。

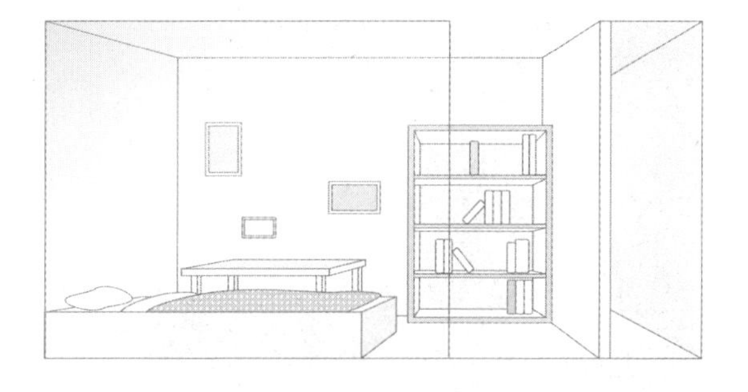

02 弹性概念 用弹性隔断处理的次卧维持到上高中都很实用，未来主卧与儿童房互动也不疏远。

03 弹性概念 儿童房隔断完全拉上时，将艺术玻璃不对称地镶嵌在拉门上，维持透光性。

老房采光找回来

新生命诞生预备宅

新婚夫妻与长辈住一室，又有孕育新生命的打算，足够多的房间数对居住者来说绝对是必要的！但如果现阶段就特别隔出一间儿童房空在那边，似乎又太浪费面积；此外，考虑到希望长辈不管待在卧室或客厅都能怡然自得，卧室的采光通风也不容忽视。

设计／隐巷设计　图片提供／隐巷设计

1 公共厅区维持开放形态，餐厅天花隐藏吊隐式空调，镜面的反射有拉高房子的效果。

2 以中轴框架为切割线，划设公、私区域，框架整合电视、门扇、灯柱。

Designer

机关王 黄士华、孟羿、袁筱媛

这是一间隐身在巷内的二手房，对两夫妻的小家庭来说，“预备”是住宅规划中必要的前提，如果家里还有同住的长辈，那么主卧、儿童房和老人房的三室设定是必要的，但89.1 m^2的老公寓要装下三室，终究会压迫到其他公共厅区的生活空间，对居住者而言未必是件好事。其次，一进门就是长阳台，落地窗阻隔了部分光线，导致屋子中后段采光略为不足，主卧室又需增设卫浴，如何在有限的面积内完善功能、放大空间感，是设计的首要课题。

隐巷设计除了利用阳台外推争取空间，更利用立面框架整合门扇、电视墙、收纳功能，在相对严谨的线条框架下，以玻璃、镜面材质予以淡化。建材的反射穿透效果，让空间产生延伸放大的视觉感受，搭配返璞归真的白色马赛克瓷砖，凹槽勾缝的处理，呈现白与绿的和平主义配色。

空间形式：传统公寓
室内面积：89.1m^2
家庭成员：夫妻、长辈
室内格局：两室两厅、娱乐室
主要建材：客厅／ 磨砂银弧瓷砖、实木皮、烤漆、玻璃·餐厅／强化玻璃、灰镜·娱乐室／木地板、玻璃、铁制品

一墙整合门扇、收纳 享受放大二倍的宽敞人生

所幸公寓每个房间都有对外窗，因此设计师在维持房间采光的前提下，拉出一道中轴切割出公共、私密空间，并将前阳台予以外推，为公共、起居娱乐室带来更宽敞的空间感。一方面起居室与客厅、书房兼儿童房皆采用玻璃隔断，产生延伸开阔的视觉效果。最特别的是，电视墙、影音收纳、卧室门扇整合成一个大框架，既省空间又使得立面更为整齐一致，不仅如此，架高起居室踏面、立面框架下缘采用玻璃结构，营造出轻巧的漂浮感，同时兼具实用的灯盒、夜灯功能，而旋转电视柱的设置，也创造出自由多元、亲密互动的生活娱乐形态。

1 厨具上柜特意拉长比例，并延伸橱柜扩大范畴，提升国产厨具的质感。
2 以中轴框架整合门扇与光源，内部开灯后形成如灯箱般的效果，可弥补后段光线。
3 卫浴因空间较为狭窄，贴饰大面镜子，搭配釉面、雾面交错的马赛克，营造出自然清爽感。
4 厨房的橱柜侧边为书柜功能，为沙发区提供便利的阅读条件。

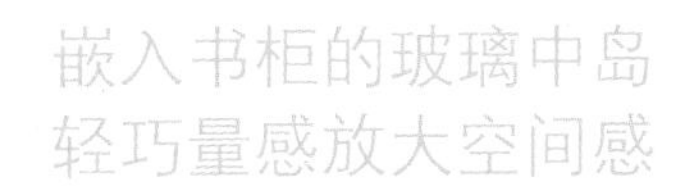

嵌入书柜的玻璃中岛 轻巧量感放大空间感

开放厨房上柜改为扁长形结构比例，加上看似为壁板，实则为厨具延伸的橱柜设计，提升国产厨具的质感，又能为业主省下预算。橱柜的延伸不只满足了厨房的收纳，巧妙的侧面开口，更为沙发区的书籍、杂志提供收纳之地，柜体之间的自然缝、开门线则利用灰镜修饰。另一个重头戏则是中岛吧台，有别于传统中岛多半是木质、石材等材质打造，隐巷设计选用12 mm的强化清玻璃为中岛桌面，并巧妙地令桌面镶嵌于书柜的上、下柜之间并进行固定，悬吊水泥天花结构的钢索则强化吧台的稳固性。此外，隐藏在白膜玻璃、木作暗门底下的公用卫浴，一方面弱化了浴室动线的存在感，另一方面当客厅光线较暗，或是卫浴开灯的情况下，白膜玻璃产生如灯箱般的效果，也能弥补后段光线不足的问题。

破解边间采光引入 NG 与 OK

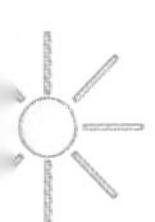

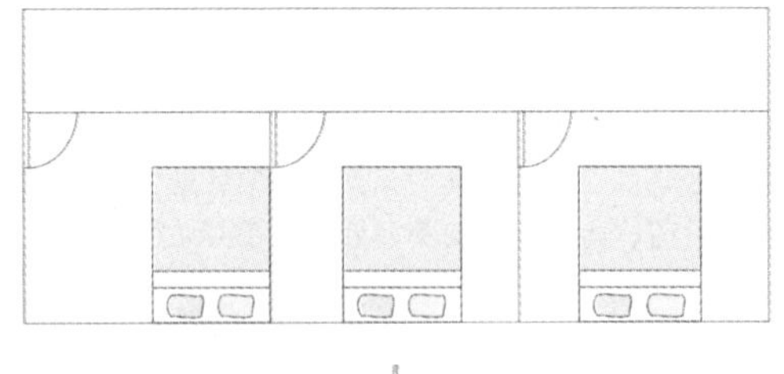

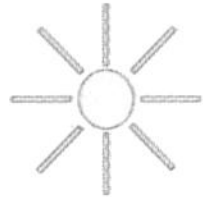

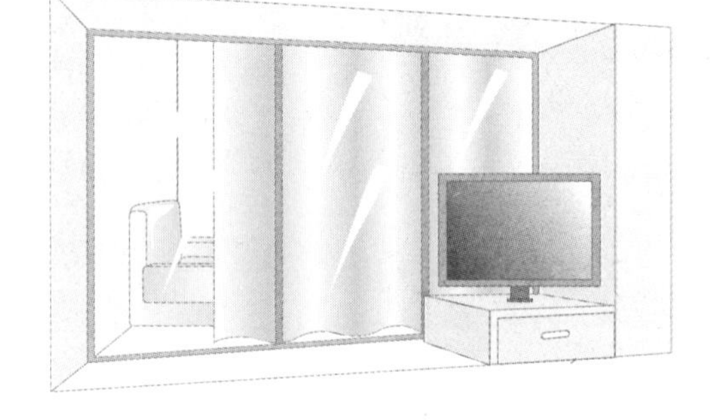

BEFORE

NG 1 房子有好有坏，但这间刚好是只有单一采光面的那种，所以室内后段光源明显不足，只能靠后天装修加强了。

NOW

1. 采光通风与住宅环境舒适度关系密切，采光面留给厅区不一定是最佳选择，兼顾宅内公私生活才是最好的方案。
2. 备用的儿童房暂规划为起居室，采用轻式清玻璃折门，在孩子正式入学前这样的隔断方式非常易于照看孩子的状况。

01 弹性概念 将所有卧室安排于房间唯一的采光面，白天只要打开每间房间的门扇就能增强客厅区的明亮感。

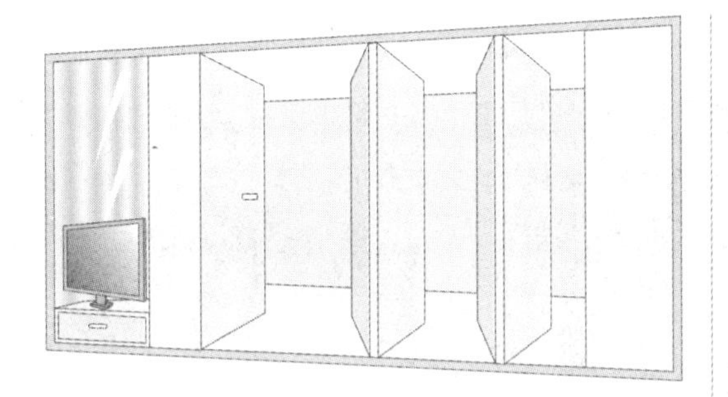

FUTURE

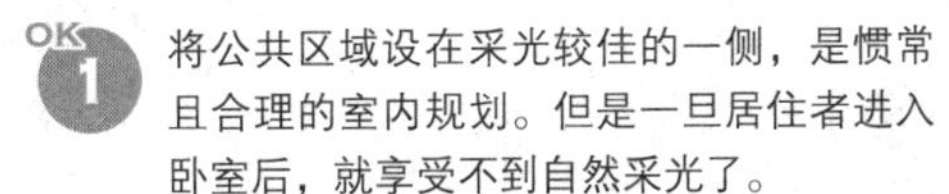

OK 1 将公共区域设在采光较佳的一侧，是惯常且合理的室内规划。但是一旦居住者进入卧室后，就享受不到自然采光了。

OK 2 如果将住宅公私区域布局对换，换个角度把卧室放在采光面位置，白天的时候只要卧室房门都打开，客厅也跟着变亮了，是不是比较好呢?

3 每天都有人使用的主卧与长辈房，采用隐藏式暗门方式消除家中有很多门的感觉，并巧妙整合框架并结合电视墙实现一面多用的设计。

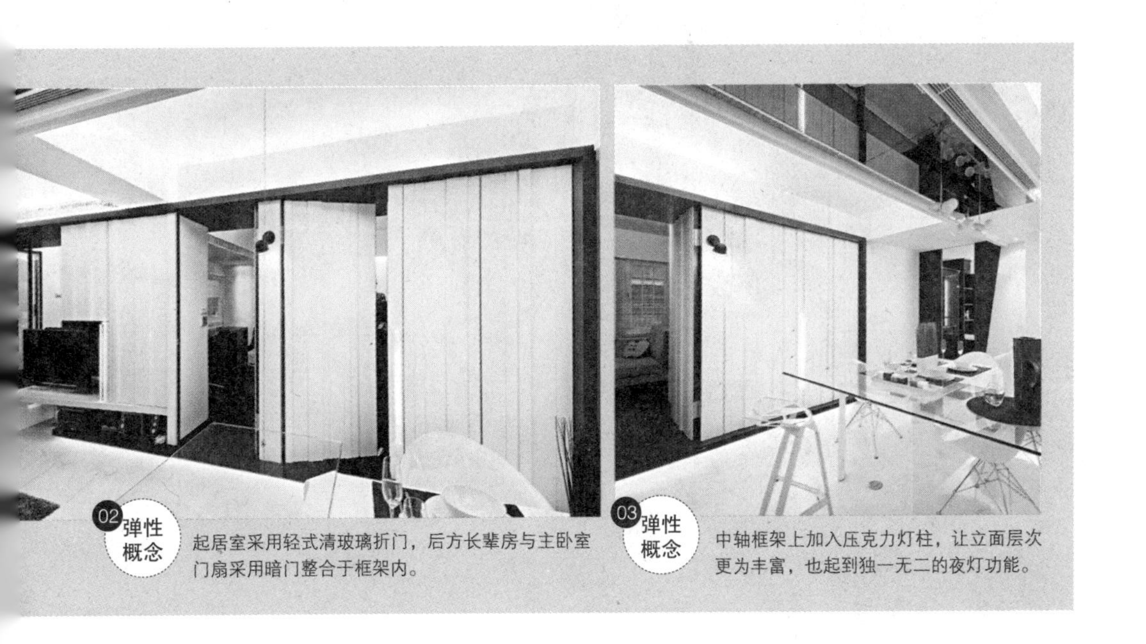

02 弹性概念 起居室采用轻式清玻璃折门，后方长辈房与主卧室门扇采用暗门整合于框架内。

03 弹性概念 中轴框架上加入压克力灯柱，让立面层次更为丰富，也起到独一无二的夜灯功能。

全屋通风好采光

享乐Loft大通仓的双向动线

39.6 m²的小房子满足什么都要有的需求，还能游刃有余地提供业主俩人绝对享受的宽阔感，成功的关键就在于解放浴室空间。当浴室变成过道动线，小空间格局随之翻盘，立即升为精品住宅。

设计／将作空间设计　图片提供／将作空间设计

1 餐吧台连接着一字形厨具，映入眼帘的便是屋内开阔的场景、屋外明亮的绿意自然。

2 由大门入口一进来，左右两侧便是一连串丰富的实用功能，包括浴室入口、衣帽储物间、衣橱、厨房及书柜等。

Designer

机关王 张成一

“客厅、餐厅、厨房、书房、卧室，以及一套配置小便斗的浴室，另外洗衣、干衣功能的场所也须纳入。”业主魏小姐开出了空间需求清单，细繁的功能，所面对的空间却是极其迷你，一间室内面积约39.6 m^2的市中心小房子。耳边还依稀回响着业主的清单叮咛，张成一设计师的脑海里已经迅速做了汇总分析，“如何达成上述要求，空间不会因为被过度分割而变窄，又可塑造空间动线乐趣呢？”整体设计引入Loft的大通仓概念，利用家具的配置、摆设来界定各功能的空间范围，视觉上则采取通透的处理方式。虽然生活在极小的房子里，设计师却想打造拥有在家散步这样乐趣的房子，动线规划为避免单向通路的无趣，以架高一阶地板的高度，制造前后空间两段的层次。

空间形式：电梯大楼
室内面积：39.6 m^2
家庭成员：夫妻
室内格局：一室一厅
主要建材：玄关／超耐磨木地板、磨砂贴纸玻璃・客厅、书房区／超耐磨木地板、美耐板木皮收边、文化石・卧区／超耐磨木地板、乳胶漆・浴间／超耐磨木地板、桧木地板、镜面不锈钢、马赛克

双开口＝双动线，格局翻盘解放浴室采光与通风

“单面采光的房子，设计时最忌讳的就是分成一间一间的，因为仅有的单面采光，‘一间’就用掉了。”张成一解释说，非必要绝不做实体空间的分割，甚至将原本独立的浴室空间扩大，且全面敞开来，采取双开口、双动线设计，自动引导宾客及主人经由不同入口，进入浴室内部，让室内整体采光与通风跟着大大加分！当浴室变成过道动线，整体空间多了一条可环绕行走的动线安排，原本分散各区的功能因此有了被串联起来的可能。想象中，小面积的浴室应该是迷你空间，关于沐浴空间的享受、舒适度可能仅在及格边缘，但是在这里，则完全被颠覆。设计师考虑空间主要使用者为夫妻两人，除了将马桶、小便斗独立一区，以避免宾客使用的尴尬，淋浴空间则以透明化进行处理，搭配LED大花洒，为浴室增添质感，通道地面铺设耐潮湿环境的桧木板，提高了视觉享受。

1 原本单独成立的浴室被扩大且全面敞开后，多了一条可环绕空间的动线安排。
2 卧寝区窗旁的大书架、精致的收纳柜，源自于对建筑结构凹面的再利用。
3 改造后，形成一面笔直的隔断墙，设计师利用墙的厚度规划出衣橱和玄关所需的衣帽储物间。
4 考虑空间主要使用者为夫妻两人，因此将马桶、小便斗独立一区，以避免宾客使用的尴尬。

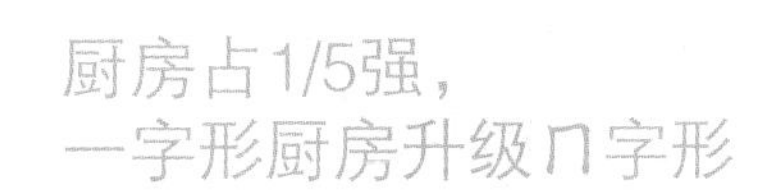

厨房占1/5强，一字形厨房升级П字形

秉持着虽然室内只有39.6m²，但也不要亏待厨房的理念。设计师利用隔断柜、餐吧台的设置，把一字形厨房升级为П字形厨房，使厨房运用范围约占整体空间的1/5强！而为应和业主喜欢带点乡村气息的风格美感，便餐台立面以直纹立板来修饰，搭配书房区主题砖墙的刷白处理，散发出乡村情调。女主人还特地选了两盏小巧的灯，垂挂在厨房的窗外，夜幕下的灯景更美，为精品华宅生活点燃美丽的序曲。

破解套房格局 NG 与 OK

BEFORE

原屋39.6m²的大套房空间，隔有一间不大的独立卫浴，这样的做法不仅造成卫浴内部空间狭小，筑起的隔断墙也让全室唯一的单面采光受限，隔断后方区域只能靠灯具光源辅助；其次，卫浴间无法产生自然空气对流，易感闷热。

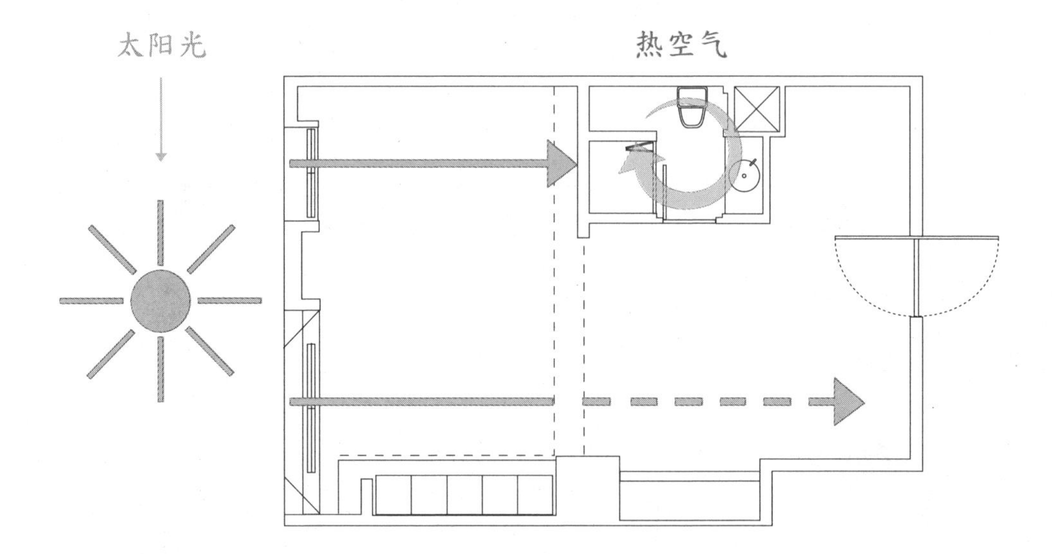

好弹空间
必学关键

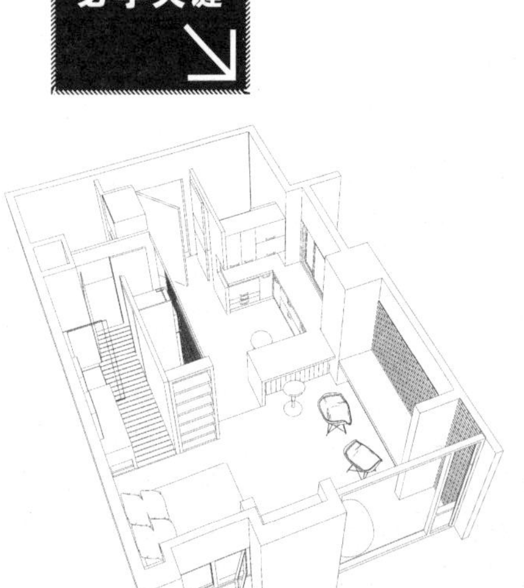

01 弹性概念 拆除卫浴隔断墙，让马桶带着小便斗与淋浴间分开后，一字形厨房也搬移到屋子正中央，回字形的生活动线随即形成。

Now

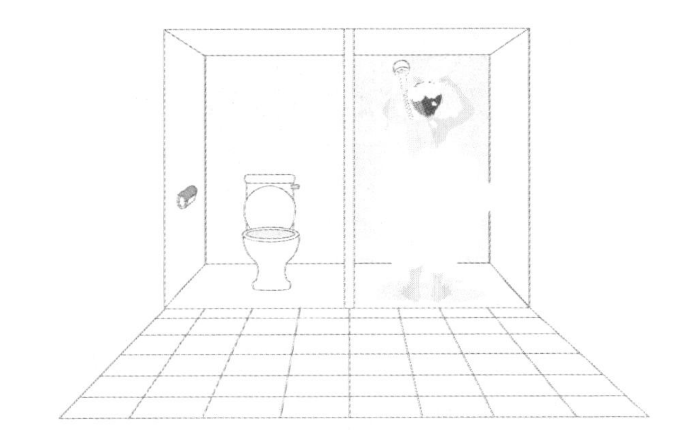

1. 设计师解放卫浴隔断为小房子增开一条动线，将原本独立的浴室空间笔直拉长，再也不用因为一个人正在淋浴而让另一个人无法如厕。

2. 被安排于大门入口右侧的一字形厨房，设计师将它移到房子的正中央，与餐桌结合成Π字形开放厨房，加强了生活应用的合理性与运用功能。

Future

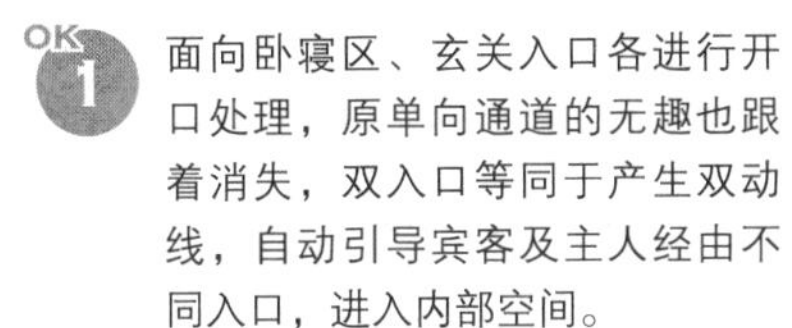

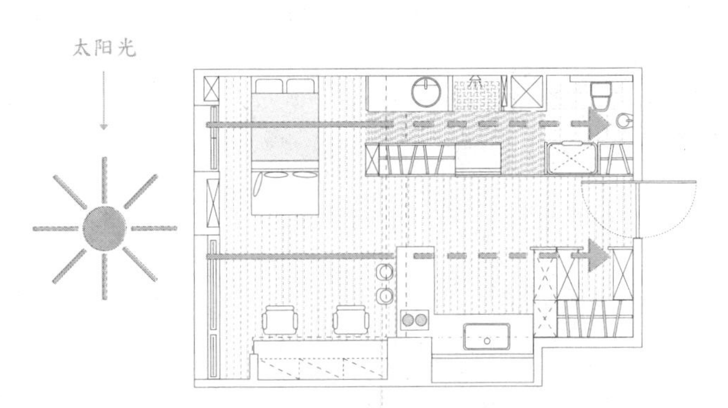

OK 1 面向卧寝区、玄关入口各进行开口处理，原单向通道的无趣也跟着消失，双入口等同于产生双动线，自动引导宾客及主人经由不同入口，进入内部空间。

OK 2 开放浴室空间后，房子的单面采光也能够以两条路线行进，与各个单元空间分享，在家散步也能拥有阳光随时在侧的温暖。

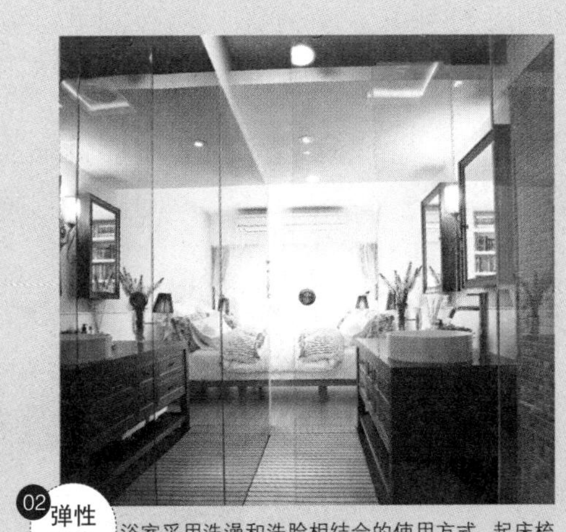

02 弹性概念 浴室采用洗澡和洗脸相结合的使用方式，起床梳洗再也不用特地走到浴室了，通透的淋浴间搭配LED大花洒、马赛克主题墙，为浴室的质感加分。

03 弹性概念 容量相当大的衣橱是室内双动线的中介点，左右衔接着两个动线入口。

电视串联三大区▶

每区都坐拥宽广海景

拥有面对维多利亚港美景的高楼层住宅，内部空间有214.5 m²，却是得住上5个人的三代同堂家庭，初步估计平均每人享有的活动空间范围约42.9 m²。试想如果要为所有居住者隔出3到4间卧室的话，公共空间的活动范围势必受到影响，更别提加入更衣室、书房了，此屋最有价值的海港景观优势是否将面临挑战呢?

设计 / Mon Deco　图片提供 / Mon Deco

1 餐厅以一道灰蓝色壁板稳定视觉重心，镶上线板的装饰呼应空间略带古典的格调。
2 沙发主墙以线板装饰使空间散发出华丽感，搭配绒布沙发与铆钉圆几，营造出年轻化的奢华氛围。

Designer

机关王 Leo Yeung

本户业主购置的新家面积宽敞、格局四方之外还有露台，面对的维多利亚港无敌海景给空间加分不少，由于夫妻二人皆偏爱英式的居家风格，便请来擅长演绎此风格的设计师Leo Yeung操刀。针对五口之家的居住需求，该如何做出兼顾住宅功能，又不影响海港景观的隔断布局是最重要的设计前提。经过详细的沟通与规划，设计师提出以现代简洁的英式风格为主题，以配合一家三代同堂的生活所需，同时妥善规划业主对部分区域的色彩和家具定位的设想，而其中技巧仅是用一个定制的电视柜将室内活动的主要空间搭在一起，打造出不失各自独立的完美动线。私人区域方面则采用隐藏式折门、双扇滑轨门和留出卧室走道的规划，作为房与房之间的弹性界定。

空间形式：电梯大楼
室内面积：214.5 m²
家庭成员：5人
室内格局：三室三厅
主要建材：玄关／马赛克地坪・客餐厅／木地板、刷漆、丝绒、线板・卧室／线板、烤漆玻璃

空间一变三，全靠定做的半高电视柜坐镇

设计后的室内空间，就算一家人各自在起居空间或餐厅活动，也能保有互动的生活样貌。摆在客厅中央的一个典雅彩色的电视柜，是源自业主对客厅特别的要求，可这道题目还真让设计师颇为费神，最终落实打造出这个高贵的七彩典雅的电视柜，作为划分三个厅区的中心，更成为白色客厅中的聚焦点。另外，在面对海港的区域，特别增设一处休闲的起居空间，运用古典代表的壁炉搭配展示柜，摆放两张舒服的单人沙发。六人座的餐桌则是进门首见的端景，大面积的落地窗采用折门与露台界定，平时将折门推开，几乎就是完全无阻碍的美景当前，让大片日光遍洒屋内，为空间更添朝气与明亮。

1 半高的电视柜是空间的动线中心，也是界定客厅和餐厅的隔屏，坐在沙发上自然往窗外方向望的角度，也能与起居空间和餐厅的家人互动。

2 起居空间的天花板镶上特别定制的圆形线板，呼应整个空间的华丽气息，为空间增加画龙点睛的美感。

3 更衣室以蓝白两色为主调，不但铺上少见的蓝色地毯，连化妆台也特别定制蓝色的烤漆玻璃桌面。

4 主卧床头后方留出通往浴室的走道，将浴室完全隐藏起来，以壁纸贴覆的墙面背后是大容量的收纳柜。

5 主卧床头板采用与客厅相同的线板装饰，让整体风格更具一致性，两侧搭配紫蓝色墙面，将白墙衬托得更为鲜明。

折门、滑轨门+通道，满足三代同堂的弹性起居

设计师早在空间规划初期，就已经针对业主一家人的生活习惯进行了仔细地考虑，例如主卧室的床头应业主要求而设，在后方留出通往卫浴的走道，不仅能将浴室隐藏起来，以壁纸贴覆的墙面背后更是容纳超大的收纳柜。独立的更衣室特别采用双扇滑轨门的设计，让空间比例更为大气。两个小孩与外祖母共用的房间，为了利用窗台面积而将地板架高一阶，制造出高低落差的变化，再于两床之间增设一道隐藏式折门，在开关之间既让孩子拥有自己的天地，也方便外祖母加以照应，搭配完善的储物收纳规划，让房间流露出简洁、清爽的气息。

破解砖墙隔断 NG 与 OK

BEFORE

NG 1 通常三代同堂的住宅在室内面积允许的状况下，房间数会是业主夫妻一间、长辈一间、两个小孩各一间共4间房，但这么多的房间意味着面积被瓜分掉，同时产生更多的隔断墙、房门，难免会缩减室内采光量及对外景观的开阔面积，也很可能间接影响亲子及三代关系间的亲密感。

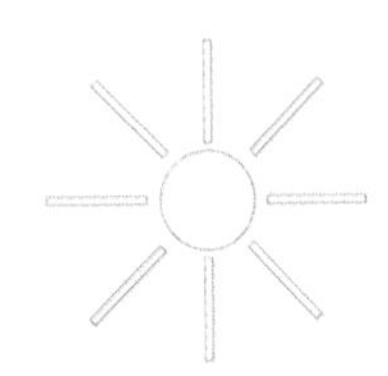

01 弹性概念 在公共区域的分配方面，将面对港口的视野规划给餐厅和起居空间，让用餐时光也能饱览香港夜色。

Now

1. 两间卧室都不大，但享有基本的睡眠使用空间，能促使孩子和长辈多到客厅活动。
2. 儿童房与长辈房之间以折门作为弹性隔断，平常打开维持空间开阔感，提升室内采光面。
3. 当折门关上时，因为儿童房与长辈房都有各自对外的出入口，丝毫不影响双方休息。

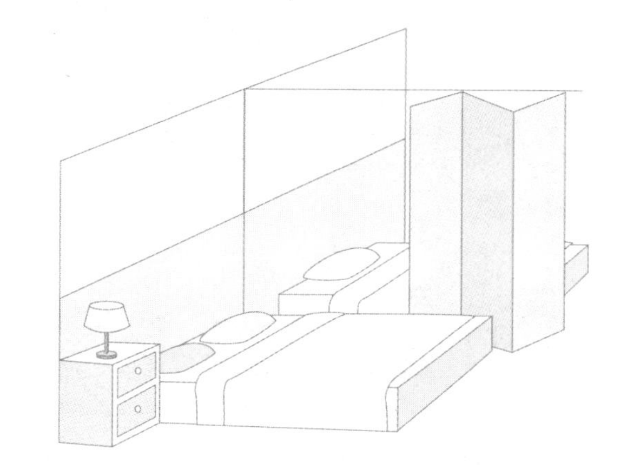

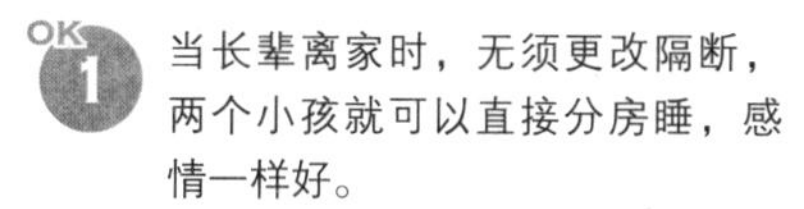

Future

OK 1 当长辈离家时，无须更改隔断，两个小孩就可以直接分房睡，感情一样好。

OK 2 未来其中一个小孩婚娶住在家中，原本的长辈房非常适合作为可就近训练孩子独立睡觉的儿童房。

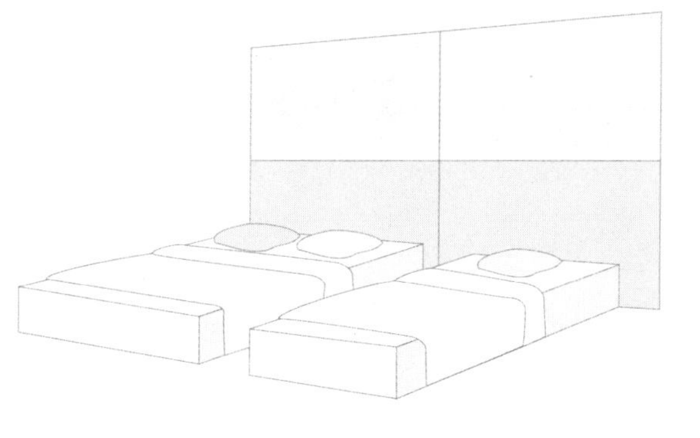

02 弹性概念 儿童房与长辈之间，采用活动的折门设计方式，平常打开维持空间开阔感，睡觉时再合上，两房互不干扰。

03 弹性概念 主卧规划独立更衣室，采用双扇滑轨门，让空间比例更为大气，左侧窗边安排卧榻，给业主一个悠闲阅读的角落。

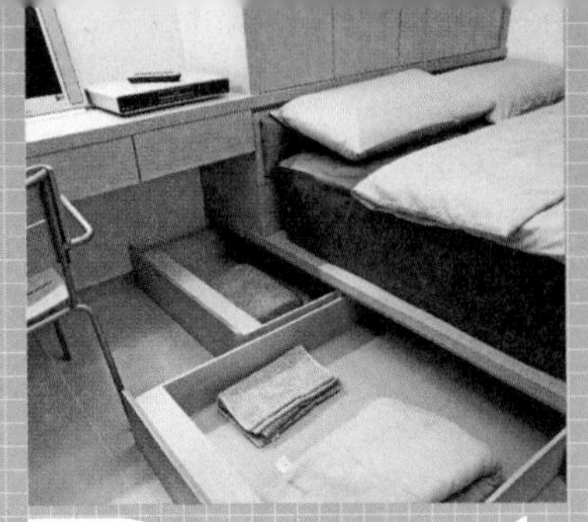

Part 3

机关设计无所不在！

113种人气手法大公开

自由伸缩的柜体、360°旋转的门，机关的魔力从玄关就能开始，是收纳、是墙、还是门？连走道都可以变成大艺廊，赶快来学超级机关术吧！

＞分区应用手法

玄关1.65m²就够好用
客厅是孩子的运动场，也是爸爸的会所
餐厅+厨房也是朋友间的料理研究室
家族聚会是重要的好感情象征
和室+书房二合一是家庭必要的条件
浴室不只是洗澡用
走道消失了
卧室+更衣室最适合规划弹性隔断
儿童房像植物一样长大
看见家人是促进沟通与爱的表现
艺术家的双展演厅
大于49.5m²的空间放大术
大人的游乐场
请上10楼南法庄园
慢节奏乐活空间

玄关

1.65 m²就够好用

“你回来了！”

当熟悉的步伐与声响传进耳里，原本正忙碌于晚餐的美佐子，连忙迎向返家的老公安男，将他由忙碌成日的辛劳里领入满室温情。简单的一句台词出现在日剧《鸾》时，那种归来时有家人等待着的温馨情境，叫人不由得顿时被温暖所拥抱……

作为连接内外空间的玄关，是“家”的第一道风景，也是关照家人与宾客的首要空间。玄关功能由置物、脱鞋的基本满足，到勾勒居家意象、保障生活隐私，这个小而美的空间，都是作为“家的入口”而存在的。设计师在贴心地了解年龄、兴趣与习惯后，量身定做，除了以穿鞋椅、枴杖、大衣柜等设计提供悉心照顾每个家人的需求之外，更是让家人随时都能保持自在，从容地说出“我出门了”与“我回来了”的平凡幸福之所在。

机关王：容纳自行车、鞋子和大物品的艺术入口

一个转折空间能有多复杂？圆弧的L形玄关从天花板延伸到鞋柜，腰带状的中空部位、非对称台面，不但让玄关跳出既有模式，更以弧线拉出流畅动线，中空不连贯的鞋柜更使出入者能有坐下穿脱鞋的空间，而不是处在急急忙忙踩鞋进出的纷乱之中。

图片提供／咏翊设计

图片提供 / 水相室内设计

图片提供 / 成舍室内设计　中山公司

机关王：穿透式隔断

以几何特殊切割面作为隔屏造型的玄关，让空间前奏洋溢着艺术感，虽然是最基础的弹性隔断手法，但80%的家庭都会用得到。

机关王：半开放的一片式玄关

为了避免开门时被视线一眼望穿的尴尬与确保隐私，玄关运用黑色玻璃转折出空间趣味，不但能阻隔开关门时的外在视线，更能避免因进出门带来的灰尘直接入屋。玄关空间设计尽管看似简简单单，其实却见微知著地关注了生活者的需求。

机关王：门边的收纳大箱子

因为房子宽度很窄，大门又在中段，属于没有玄关的空间，因此在大门旁做了一个灰色落地的长方体橱柜，收纳女主人非常多的鞋子和随身物品。

图片提供 / 太河设计

客厅

是孩子的运动场，也是爸爸的会所

“和你也有关系哟！”

正准备出门上班的重夫，才踏进客厅就撞见父亲四郎正责怪着自己儿子翔的尴尬场面。当他正想该怎样面对这阵仗时，原本边喝着啤酒边责怪孙子的四郎却在看到重夫出现的一刻，开始数落起他对孩子的教养责任……这是在日剧《平凡的奇迹》中出现的桥段，是否让您也回想起，在自家客厅里似乎也曾上演过类似的剧情？

可说形同于“公厅”的客厅，扮演着家人共同生活、讨论琐事、招待宾客的多重社交角色，就像生活的脐带，由内而外地成为自己与他人的往来平台。也因为具有住宅最大面积的优势，而能同时容纳多种生活行为，无论是看电视、影音享受、儿童游乐、阅读与工作，活动多元的客厅要说是“家的千变女郎”也不为过。

机关王：客厅是日光角落

作为居家空间中面积、功能、采光之首的客厅，除了是生活及社交的主要空间之外，也非常适合用窗台椅营造舒适的“日光角落”，让人像只懒猫般慵懒地晒太阳、晾心情，寻找新生能量。

图片提供／玉马门创意设计

图片提供 / 春雨时尚空间设计

图片提供 / 春雨时尚空间设计

机关王：可亮可暗的滑轨门

关系若即若离的书房与客厅，以弹性变换的手法将轻巧的拉门作为隔板，可收合于壁面的拉门是控制进光量的屏幕，让业主看电视时不受光害困扰。

机关王：折叠门有分区或开放的双重功能

层层堆叠的酒柜，打破传统柜体的思维， 让长廊出现宛若艺术品般的端景，喷砂玻璃的拉门更丰富了空间词汇，在动静之间突显空间开展后的大度。

机关王：对称门扉创造两段空间悠然趣味情趣

客厅旁的阳台虽然外推，但仍用绿色门扉作界限，创造空间的拉长效果。

图片提供 / 王俊宏室内装修设计

图片提供 / 岚空间设计整体规划

图片提供／蠡点子创意设计

机关王：角落收纳看不见透明拉门，分区不分离感情

以卧榻形式抬高客厅外侧的邻窗空间，卧榻下方的空间其实也是收纳儿童玩具、视听DVD等客厅生活物品的绝佳秘密基地，透明玻璃拉门往左拉时，又可以让餐厅和厨房相互独立。

机关王：最大书本容纳法

客厅主墙以书墙为设计形式，使空间顿时充满典雅而充满文人风情，而书墙内部加装间接照明作为装饰，以铁制品取代木作并减少灯槽厚度，在墙面营造轻巧感和视觉通透感，给来客留下独一无二的印象。

图片提供／大院设计

图片提供／大院设计

机关王：走路原来不走直线

承前启后地衔接客厅内的弧形墙面，打破主墙是水平与垂直的观念，在家走起来也很有趣，视听设备藏在圆柱体内。

图片提供 / 水相室内设计

机关王：看不见却容易取用的收纳电视柜

电视柜、收纳柜并容的百变金刚，不但能将电视与影音设备一并囊括，更能收纳客厅里每位家庭成员的生活物品，无论年龄与身高，由高到低都能各得其所地享受随手收纳的方便。

图片提供 / 春雨时尚空间设计　图片提供 / 春雨时尚空间设计

图片提供／朴艺空间设计事务所

机关王：大容量的完美分割

系统柜的整体感固然呈现出线性之美，却好像少了些空间跃动的美感。设计师运用几何切割的变化，使收纳空间既有整体感又有美感，无论是孩子的作品、长辈的收藏都能在收纳空间里找到属于自己的“小小美术馆”。

图片提供／春雨时尚空间设计

图片提供／春雨时尚空间设计

机关王：大箱体设计

开敞与收纳之间的变化，其实正是日常与非日常生活的收纳空间，外在有型、内在好用，谁说柜子不能长得像艺术品那么精致?

图片提供／摩登雅舍室内装修设计

图片提供／摩登雅舍室内装修设计

机关王：可以滑动的小朋友座椅

拥有可爱稚龄宝贝的家庭，总是经常为孩子的玩具散落一地而头大。客厅是孩子最大的游戏场，利用电视柜及茶几的高度将孩子的玩具收纳空间藏起，是最合宜而惊喜的贴心做法，也让孩子与父母共同享用客厅，亲情互动更加浓郁。

机关王：拉出侧边柜的两面收纳

设计师运用玻璃层柜点亮了餐厅的空间情境。而转角的小收纳利用轨道做出侧拉薄身柜，因此有两面可以收纳客厅音响的CD与DVD，一目了然地唾手可得。

图片提供／绝享设计工程有限公司

餐厅+厨房

也是朋友间的料理研究室

"又想换工作了？"

日剧《倒数第二次恋爱》里，长子如父的男主角长仓和平原本坐在餐桌主位上看着报纸，在妹妹万里子现身时，神色关切地问起这话题，万里子虽然觉得亲情的关心实在非常唠叨，却仍娓娓道来自己的工作近况……

能够促膝长谈的近距离空间，具有餐厅特有的温情，无论诉说生活、倾诉心事还是儿童写功课，此空间都扮演着生活与交流的主角。这也是弹性运用有限空间的最佳范例。因此，通过空间比例的调整及功能加减法的运用，使厨房及客厅配合退缩或调整，餐厨空间不但可用餐，更可用于阅读、工作、交心，并成为凝聚生活情感的加温角落。

机关王：完全隐藏的玻璃拉门

依附在柱身两侧的玻璃拉门，让餐厅可弹性调整大小；合上柱子与厨房间拉门时，能让进门动线直接引导到餐厅。合上柱子与客厅书柜间拉门，餐厅成为独立空间，开合之间交叠出不同空间的层次感。

图片提供／宇艺设计

图片提供／宇艺设计

图片提供 / 宇艺设计

图片提供 / 宇艺设计

机关王：随时看得到家人的拉门

为了不让厨房阻隔与家人间的生活互动，以透明拉门区隔的半开放式厨房，既可以隔绝厨房油烟，又能够维持空间穿透的开放感，亲子对话无障碍，随时都能陪着孩子做功课、聊生活。

机关王：伸缩自如的拉轨式餐桌

独自在家用餐或需久站处理厨务时，若有简便桌椅便能如鱼得水。运用平日折收于料理台下侧的隐藏式桌台，让厨房既是妈妈的料理教室、孩子放学后的简餐室，更是妈妈的“隐藏版”个人工作室。

图片提供 / 俱意设计

图片提供 / 俱意设计

机关王：柱体餐具收纳柜

既是柱子也是柜子的转化手法，由于厨房空间狭小，因此沿着厨房外侧的L形玻璃墙，打造柱形上下柜，只需要15cm的深度，就能收藏各式碗、杯及酒类。家中如有令人尴尬的柱子，也可以将其作为收纳的小帮手。

机关王：一物两用 楼梯是餐桌脚

大票人马突然来访，一张餐桌怎么够?再怎么样也要撑住场面！将作为交通枢纽的阶梯前段抽离，转个弯、一分二，楼梯变桌脚，再从冰箱门缝取出六人份玻璃长桌，魔术般的用餐空间马上诞生。

机关王：收和取都一目了然的厨房柜

细物繁多的厨房，收纳工程总是最令人感到头大的课题。设计师运用了仿如工具箱的设计理念，将各式厨具分门别类地归于双开的“厨房魔法箱”中，无论汤匙或餐盘，都能在开合之间提供即时的取用服务。

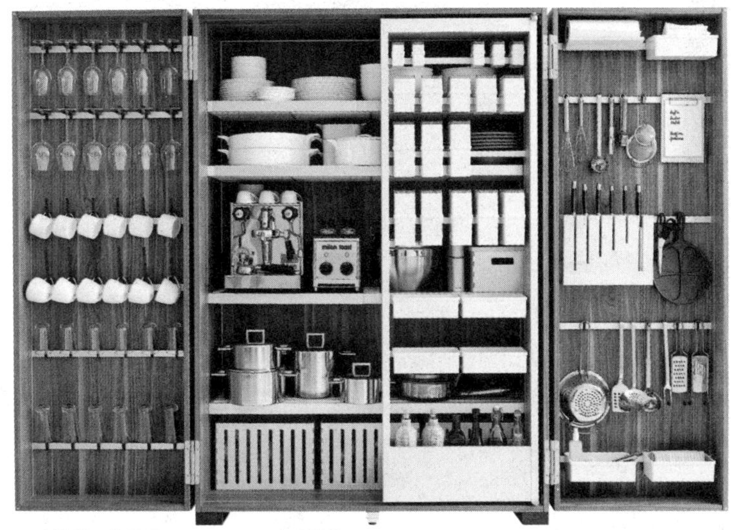

图片提供 / 楠弘厨卫 / bulthaup b2系列

机关王：折与拉的滑轨玻璃门

60多平方米的房子又要有三室两厅以及大厨房，设计师运用斜切面墙面和两道玻璃拉门，融入原本的走道面积，用弹性隔断手法创造出透明书房与转角大厨房，位于空间中心的开放厨房还可以看到客厅、书房以及和室的动态。

图片提供 / 将作空间设计　图片提供 / 将作空间设计

图片提供 / 墨比雅设计

机关王：收纳、料理台和客房多合一的和室

以即将成家的思维方式规划出加高和室，餐桌和人造石的和室桌衔接在一起，既方便宴请客人，又方便爱下厨的男主人在此进行桌边料理，地板下设计有存放红酒的抽屉。桌子收起来即变成临时客房。

供 / 墨比雅设计

图片提供 / 绝享设计工程有限公司

机关王：拉门把厨房变没了

吧台平时和客厅、餐厅之间相通，下厨时朋友也可以一起谈天，准备大火快炒或是厨房凌乱时，拉门一拉上，看不见厨房，烦恼也不见了。

机关王：可收纳的餐桌

ㄇ形轻食工作吧台与深色餐桌结合成一个套件，工作台面上装有电子炉，餐桌可以收进台面下或拉出来使用，增加了空间的灵活度。

图片提供 / 尚艺设计

家族聚会

"维持'婚姻'可比'结婚'还要难！"

身为《华和家四姐妹》大家长的父亲宪一，不由得对于现在的晚辈生活模式感慨颇深，语重心长地训勉女儿们，要拥有家庭，甚至家族可不是一件容易的事……

是重要的好感情象征

在大小节庆与特殊的日子里，总不免会有亲朋好友来访，用餐、聊天或小住，平日使用的生活空间，相对需保留多一些弹性以适应突如其来的热闹，让既有的空间长大，也就成了空间规划时可多花些巧思的魔法。

机关王：电视墙90°转弯靠墙边

为了使客厅与厨房的空间可相互流动，并保有日常与假日的使用功能区隔，设计师铺设木地板搭配定制地毯替代座椅功能，让访客能席地而坐。并搭配以两面轴心固定的旋转电视墙作为客餐厅的隔断，融合空间的使用性，但仍区划出自由的功能与弹性。

图片提供 / KC design studio

图片提供 / KC design studio

机关王：餐桌靠边与不靠边都好用

根据待客时的较大空间需求，刻意将餐桌的位置采取“不定位”的设计方式，平日四人用餐时可将餐桌靠吧台摆设，留出较大的走道，而有客来访时则能将餐桌拉出来变成六人座，从容调整用餐位置。

图片提供／觐得空间设计

机关王：客房、游戏室两者兼具

为了适应业主在周末经常会有好友来家里聚会吃饭、聊天的习惯，设计师将厨房、餐厅、和室打造为三位一体的空间，尤其是带有收纳式拉门及茶色玻璃和卷帘的和室，不仅可容纳更多朋友，更是在朋友留宿小憩时，立刻转变为极具私密感的客房。

图片提供／齐右设计

图片提供／齐右设计

图片提供／瓦悦设计

机关王：阳台变和室

每逢年节总会有亲友互访，而客厅与和室共构的交流空间正是最适合招待来客的好设计。客厅与和室以地坪及门扇区隔，可待客、可作为客卧的和室空间，仿佛千面女郎般呈现家的各种姿态。

图片提供／瓦悦设计

图片提供 / 德力设计

机关王：穿过落地玻璃门的大餐桌

妈妈希望在做料理时还能照顾孩子写功课，因此从客厅、厨房、餐厅到户外休息区，形成环形动线，大餐桌和户外桌连接在一起，形成穿透的视觉趣味。

图片提供 / 德力设计

和室+书房

“把事情想清楚吧！”

在《一个屋檐下》这部日剧中，雅也才下班回到家，就从母亲口中得知父亲佑藏有事找他，开了书房的门之后，父子两人便开始谈起家庭、事业，以及作为一个父亲对孩子的期待，殷勤地叮嘱着他人生的方向……

二合一是家庭必要的条件

多用于独处、沉淀思维的书房，有别于过去多采用独立单元的隔断方式，在现今空间有限又希望关照更多功能的需求下，复合型规划渐成趋势。其中又以客房、和室、书房的组合最为常见。可开敞的门扇带来公共空间的延续扩展，穿透性的材质满足生活空间里的通风采光，具有调整弹性的家具，收放之间各有不同的功能展现，更是搭配复合式空间最好的伙伴。

机关王：三合一达到最高面积利用

充满治愈氛围的和室，可以是书房、茶室，也可以是午睡床，更能变身为仓库，只要拿开靠垫就能简单开启和室木地板，轻松变身不费力，最适合用于收纳较少取用的大型物品，省力又不占面积。

图片提供／吉作室内设计

机关王：整个和室地板下都是收纳区

架高地板除了为墙面规划系统柜提供收纳之用，地板下也是业主可作为收纳整理非常用品的绝佳秘密仓库。

机关王：猫咪的游戏迷宫

将爷爷留下的“吴字柜”改装成书柜与猫咪游戏柜，窗边的坐榻下方也是猫咪的卧室。

图片提供 / 吉作室内设计

图片提供 / 山木生空间设计

图片提供／界阳＆大司室内设计

图片提供／界阳＆大司室内设计

机关王：消失的客房

采取清玻璃隔断设计的客房兼书房，将地板略微架高并嵌入间接光源以区隔空间，玻璃房内则运用双面柜设计，扮演书房书柜及客厅影音柜双重功能，将隐藏式床垫翻开变身客房只需花费一分钟。

机关王：家用图书馆与亲子休息

为了让空间有限的书房发挥最大作用，设计师将书柜上攀升至梁下，并于梁上架设活动书梯以便取用，使壁面空间能发挥最大作用。而靠窗的平台除了可作为亲子共读区，也是小憩片刻的最好空间。

图片提供／至善设计

图片提供／至善设计

图片提供／界阳＆大司室内设计

机关王：非直线收纳

看似平凡的生活家具，却能在框体设计上展现出美感与质感，散发精品光芒。一体成型的书桌不浪费空间，除了抽屉的规划，一旁还同时设置了临时书柜，方便使用者顺手收纳一些杂物书籍，小空间妙用无穷。

机关王：未来免拆除的书房兼客房

为喜欢宽敞感的业主规划出具有透明感的书房，窗边是有单人床宽度的卧榻，即使将来要改装成卧室，只需要加上卷帘和一扇房门就能完成。

机关王：茶室与客房二合一

架高地板与榻榻米，必要时可当作临时客房，茶桌与板凳则是业主平时泡茶的好地方。

图片提供／伊家设计

图片提供／富亿设计

浴室

不只是洗澡用

“啊！睡过头了。”

在《最后的灰姑娘》这部日剧里，女主角樱置身在洒落晨光的浴室里盥洗，衣衫不整地处于散落一地的发梳、鲨鱼夹、吹风机、眉毛夹之间，这大咧咧的小空间如同樱的个性般大而化之，尽管看似各有定位却不见逻辑……

静静承载着个人生活隐私的卫浴空间，不若其他空间性格鲜明，却是令生活者舒压解放的生活空间，尤其在拥挤的住宅内，浴室更可以说是能够完全独处的唯一去处。因此，浴室的设计除了具备应有的基本卫浴设施之外，更要着重于如何掌握通风采光、创造视觉扩张感、提供收纳空间的变身要素，让明亮而舒适的浴室成为迎向美好日子的第一道曙光。

机关王：量身定做确认尺寸的浴柜

在维持管道配置又兼顾收纳需求的考虑下，量身定做的浴柜更能适应需求，规划所需抽屉数与大小，贴心关照生活隐私。开窗引光的明亮采光也能为浴室带来干燥通风的环境。

图片提供／其可设计

图片提供／春雨时尚空间设计

机关王：可以化妆的浴室

镜子后方收纳瓶罐小物的设计，能将收纳功能隐于无形，美感的充分表现与功能达到微妙而完美的平衡，而大镜面的使用则能让空间感得到扩张，视线更加完整、连贯。

机关王：通电就看不见的浴室

穿透性极高的浴室采取透明化设计方式，应用电浆玻璃的通电变化，让玻璃呈现透明与不透明的状态，使空间时而相互穿透、时而保有彻底隐私，增添生活趣味。

图片提供丅／界阳&大司室内设计　图片提供／界阳&大司室内设计

图片提供 / 权释国际设计

机关王：折叠门外的浴室也是休闲区

由住宅前阳台空间变身而来的浴室，是许多人都梦寐以求的“阳光汤屋”。采光罩及布幔引介光线，木片百叶窗保证了隐私，搭配典雅的灰色板岩浴池再配上黑色花岗石烧面，沉静所有生活纷扰。

图片提供 / 权释国际设计

机关王：木制推窗把绿意带到浴室

主卧休闲区与浴室之间的墙面以窗户形式展现，平常可关上保持视觉干净，泡澡时打开能舒放整个卫浴空间尺度，使浴室不再封闭于斗室之间，亦可揽景入室，享受眺景为伴的写意氛围。

图片提供／本直设计

机关王：以喷砂玻璃作为区隔

常见的浴室采取干湿分离的设计方式，大多以“隔断区隔”，然而若是采取“墙面区隔”的方式，仅以雾面玻璃切割，让马桶、浴缸、更衣空间得以独立却又能互相对话，家人可以同时共用空间又不尴尬且免于等待。

图片提供／翎格设计　图片提供／翎格设计

走道消失了

"我去散个步！"

在上野树里领衔主演的《最后的朋友》中，瑠可与同住一个屋檐下的武和绘理，经常在忙碌生活里短暂地交会于住宅的走道间，有时是简短聊谈、有时是告知近况，不打扰，也不影响对方生活，只是打招呼告知对方自己的离家和回家……

营造居家空间的流畅感，重点在于空间如何串联、变化才能制造强弱之间的美好衔接。如何使走道不只是通道，也扮演视觉延伸、空间联系、物品收纳的角色，是住宅设计不得不面对的课题，虚实变化的墙面多寡也会为走道带来不同的感受，使走道成为家的公共空间，发挥其相互联络的功能。

机关王：全部以透明玻璃做成无墙面感

拓宽走道的首要原则，就是运用采光与营造节奏，先以玻璃墙引入光线消除晦暗，再经由邻近空间加以切割，成功消除通道感，使走道显得明亮而开放。

图片提供／立禾设计

图片提供／十彦设计

机关王：弧形壁柜放大走道变空间

有鉴于原有格局因缺乏采光而导致走道阴暗、拥挤，设计师利用弧形线条修改壁面形式，搭配悬空设计轻量化壁面量体，并巧妙运用墙面上下两侧制造光带环绕，顺畅的弧形动线串起了公共空间的完整性，也使分布于两侧的小空间显得相对宽敞许多。

机关王：走道就是图书馆

运用大开窗采景的处理方式，连绵出一道阳光走廊，并紧密联系室内外的二元关系，也通过曲线平台十足的造型，打造出家人生活中的居家阅读平台新角落。

图片提供／将作空间设计

图片提供／将作空间设计

图片提供 / 将作空间设计

机关王：双开口把过道变成公共洗手区

将走道由只具有通道功能的“虚空间”转化为具有生活功能的“实空间”，不但是有效发挥面积的作用，更是通过对公共洗手台、共用资材收纳柜等空间的规划，使走道真正成为生活空间的巧思之处。

机关王：镂空玄关柜也是餐厅主墙

为了化解走道的封闭感，运用镂空柜、浅平台、镜面或玻璃等反射材质交错妆点，为生活带来步移景异的多元情境，也打造出置身艺廊般的空间氛围。

图片提供 / 传十空间设计　图片提供 / 传十空间设计

图片提供／水相室内设计

机关王：走道是席地的阅读区

玄关后的过道作为阅读区，滑轨玻璃门可以任意滑动，决定开放展示哪些格子。

机关王：楼梯也是书架

通往小夹层的阶梯也是书架，因为面很窄，所以镂空梯阶让脚掌能踏稳。

图片提供／偶意设计

卧室+更衣室

最适合规划弹性隔断

"住在垃圾屋里吗？"

见不到瓷砖的地板、甩在沙发上的衣物、堆置桌上的书塔、随地可见的垃圾，让日剧《交响情人梦》里的真一学长对邻房住客的卧室景观愕然不已，没想到竟然有人能把卧室搞得跟垃圾窝一样，使他不由得瞠目结舌……

卧室，可以说是评价使用者性格的直接方式，然而卧室设计的好坏，并不仅在于装修是否出色，更在于卧室是否突显优势、弥补劣势、照顾生活者、满足所需功能、承载各项需求，尤其是生活者对于空间的想象与实际条件如何结合，更是考验设计者设计卧室的功力，毕竟休息是为了走更长远的路，卧室可比什么都重要。

机关王：衣柜是隔屏

宽敞的更衣室虽然是多数女主人的梦想，但有时单独隔断反而造成浪费，以衣柜或以双柜的L形空间围束出更衣空间，连接化妆台使动线更流畅。

图片提供／朱英凯室内设计

图片提供／摩登雅舍室内装修设计

机关王：用布幔也可以做成弹性隔断

运用活动式隔断，就能打造梦想更衣室，以帘幔为软性隔断，衣柜采取开放式收纳，节省门扇旋转所需的空间。

机关王：生活在没有走道的家

卧室、更衣室、浴室一字排开的空间配置，以玻璃门连贯并切割动静生活，使得干湿分离以便同时使用。卧室为起点的私生活空间，可互望对话，不但拥有极佳的穿透性视野，也增添了生活对话的便利性。

图片提供／将作空间设计

图片提供／将作空间设计

图片提供／近境制作　图片提供／近境制作

机关王：一门二用省空间

藏电视露走道，以滑轨门带出双动线，若只用一片门也可更衣和保有隐私，需要看电视时，只要把滑轨门打开就行。

机关王：圆形衣架

由天花板垂直而落的几何切割，在藕紫与白的交会中，呈现出浪漫古典氛围；前后变化的墙面后，藏设业主低调华丽的完美更衣室，无论梳妆打扮、衣物整理、更衣着装都能从容优雅，圆形衣架更营造出伸展台般的华美气势。

图片提供／岩舍设计

图片提供／岩舍设计

机关王：床下的大抽屉

有限的卧室面积塞不下更衣室，也没有多余的空间怎么办？其实收纳空间除了衣柜之外，床头、床底都是隐藏版的收纳空间，床头可放置较少替换的棉被、寝具，床底可放置过季的厚重衣物，使房间整理更上手，从此挥别总是乱七八糟、收纳盒四处而放的卧室。

图片提供／晶澄设计

机关王：是主墙也是房门

对于既有空间中的墙面切割，设计师以活动门板取代制式壁体，将客厅与卧室隔开，是墙也是门的弹性变化，不但可营造空气流通的居家环境，也可在有客到来时确保家人的生活隐私。

图片提供／绝享设计工程有限公司

图片提供／绝享设计工程有限公司

图片提供／禾禧设计解决方案

机关王：电动卷帘分隔开放空间

男主人的体贴展现在许多地方，分隔睡眠区与客厅区，以电动卷帘控制长度，两区互不干扰。

图片提供／禾禧设计解决方案

图片提供／MH摩登家庭

机关王：旋转门大开口

主卧室的房门特意以旋转门代替房门，可达180°旋转，卧室的“开口”大，也会觉得房间大。

图片提供 / 水相室内设计

图片提供 / 水相室内设计

机关王：双入口帮浴室引光

因为浴室本身没有对外窗，设计师想到运用透明拉门做成双入口，不只走起来有趣，这种大开口的做法也能最大限度地引自然光入卧室。

机关王：soho工作室，工作桌变daybed

工作时间长，累了怎么办？变形桌床系统转眼变成床，选用hiddenbed专利五金的平衡转动与油压设计，桌面完全不用收拾，壁板一翻下就是一张床。

图片提供 / 智慧厨房

儿童房

“房间整理一下吧！”

在卡通《哆啦A梦》里，大雄经常被妈妈叨念着把东西丢了一整房。从学校作业、玩具到各种物品，有限的空间似乎永远都让人无法好好整理，成了让房间总是处在混乱里的时光元凶……

像植物一样长大

伴随着儿童成长的房间，无论是家具、衣物及物品收纳空间都应保持较多弹性，以容纳因为学习生涯不断改变所衍生的需求，尤其儿童房与成人房的设计差异在于应避免营造“24小时完整功能”的过度舒适，以免造成儿童习惯在房间独处，而与家人互动不足的情况发生。

机关王：功能最单纯的儿童房

为了增加亲情互动，对儿童房的功能设计不妨以休息、睡眠为主，将儿童玩乐、生活、学习空间移往客厅等公共空间，以明亮、简单的方式使儿童房提供更好的睡眠品质。

图片提供／珂达设计

机关王：以为是小门的可爱衣柜设计

利用俏皮的壁贴装饰与柔美色彩，突显女孩房特有的甜美空间感，吊柜收纳使用频率较低的生活用品，床头柜一气呵成地延伸至窗畔为台，搭配富有童心的图案，彰显可爱创意。

机关王：让孩子自由变换物品的房间设计

多宝阁的设计手法，不仅可强化卧室的收纳功能，电视柜更可陈列、展示，还能应儿童成长而转换不同的空间摆设。

机关王：门是墙也是画板

一物多用是丰富居家生活很重要的因素，设计师将儿童房外的滑轨门贴上喷砂玻璃，就成了全家共用的画板。

机关王：未来可以独立的双卧室设计

因为平时全家就喜欢腻在一起，规划出两间卧室相通的设计，儿童床背后就是主卧室，宽广的空间让孩子任意奔跑或翻滚，将来长大，只要把藏在衣橱后的拉门拉出来，就可以变成隔断墙。

图片提供／相作空间设计

图片提供 / 将作空间设计

机关王：客厅也是儿童房的延伸

阳台除了具有过道功能，也可以作为孩子的专用区；底端的玄关柜不只收纳鞋子，还可以将整辆婴儿车不用折叠就推入。

图片提供 / 馥阁设计

看见家人

是促进沟通与爱的表现

“真的吗？”

日剧《继父》里，客厅里的老人家与双胞胎，安静地听着怪盗王诉说着关于美术馆的案件，此时站在开放式厨房的礼子也探出头，为他所说的内容而感到意外，视线往客厅望去是无碍的开敞，只见孩子们伸长脖子大喊讶异……

有别于以一道道隔断墙划开每个空间单元，如何让生活功能完整、确保家人互动又能打造出良好的物理环境，可以说是在亲情被忙碌生活所稀释的社会里，许多家庭开始思考的问题。能够看见家人并创造互动的好设计，不但能让彼此分享生活，更能使亲情增温，拥有好情感的好生活！

机关王：三层滑轨门变出独立房间

利用房间前的转弯走道空间，以拉藏门围束出活动式书房，拉门可完全敞开，落地书柜和双人沙发平常用于闲坐，关起时则变成阅读区、游戏区，更是业主在孩子睡前念故事绘本的亲子基地。

图片提供／尚展空间设计

图片提供／甘纳设计

图片提供／甘纳设计

机关王：加上书柜的餐厅图书馆

将餐厅拉近客厅，使客厅、餐厅成为复合空间，再融入书房设计元素的设计，成为家人共同分享社交、休闲、阅读、劳作的多重生活角落，简单的空间搬移术却能带来巨大的效应。

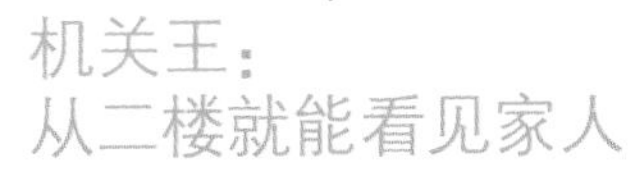

机关王：从二楼就能看见家人

通过移除部分二楼楼板的减法设计，营造出挑高格局，并搭配连续而透明的穿透性材质借光、借景，营造舒适环境的同时也打破住宅空间立体化常见的垂直切割，阻断疏离增生，使亲情互动更及时。

图片提供／欧阳室内设计

图片提供 / 明代室内设计

机关王：喷砂拉门是最单纯的弹性隔断

以具有丰富尺寸、色彩、样式变化的玻璃门为媒介，随时都能应使用需求调整开放区间大小，不但能够同时保有宽敞感与隐私，也能增进家人间的生活互动，提升情感，并保障空间视觉的通透性。

图片提供 / 戴维麦可国际设计

图片提供 / 明代室内设计

机关王：餐厅为空间中心就能随时看见家人

以住宅的中心单元——餐厅为原点，向外放射空间，通过活动门板、开敞轴线、大片玻璃共同营造不同时间的居家风貌，无论家人在书房、客厅、餐桌或房间，都能轻松对话。

机关王：封闭式的书柜适合开放空间

希望父母随时可以看见孩子，因此设计复合挑高住宅时，特别加强楼层之间的视线穿透性，这时书柜最好设计为有门板的柜体，避免凌乱。

图片提供 / 意象设计

图片提供／十瀚设计

机关王：长形房屋不阻断视线

顶楼开放式的起居室与户外露台仅隔着大扇玻璃窗，室内木地板与南方松栈台水平切齐，让在户外玩耍的孙子与室内的奶奶能进行互动，也充分考虑到安全问题。

图片提供／十瀚设计

图片提供／界阳&大司室内设计

机关王：使用格栅、玻璃门与工作矮柜的三种弹性隔断法

以光、空气及玻璃为廊的室内洋溢着清爽的明快感，简单的几何元素以现代感的词汇取得视觉平衡。在室内，视野开阔而穿透的设计创造了可互望、互动的契机，设计师更将小吧台倚靠餐桌而放，增加餐桌使用者的便利与互动。

图片提供／界阳&大司室内设计

一个弹琴、一个作画，两个艺术学院的情侣，位于关度的家，对132m²的空间应该有怎么样的想象？设计师郭宗翰以多面向的展演空间作为设计的中心概念，通过设计过程中的观察，将母亲与孩子对于空间使用的想法融合，各取所需，形塑出东西混血的美丽居所。

门墙的移动狂想

艺术家的双展演厅 客厅即画廊，外挂练琴室

设计／石坊空间设计研究　图片提供／石坊空间设计研究

空间形式：电梯大楼
室内面积：132m²
家庭成员：2人
室内格局：三房两厅
主要建材：石材、玻璃、水泥粉光、木皮染色、黑铁、实木、特殊涂料

Designer
机关王 郭宗翰

1 水泥粉光的冷调地坪与温暖的木地板，混合了空间中的艺术与居家气息。
2 沙发背墙刻意与水泥墙面脱开，让高低木柜像积木般产生堆叠趣味，空间立体而层次。
3 整个家是一间24小时不打烊的私人画廊，业主随时能于玄关处长廊调整展示的画作与收藏。

一直以来，开发商提供能满足大多数人住宅使用习惯的建筑格局规划，但每个人的独特性牵引出对生活空间产生的不同需求，譬如音乐系学生需要一间练琴室，是否得特别为此隔出一间房间？练琴的隔音问题又该如何处理才不影响到其他家人？学画的业主需要能展示画作的空间，不然日后势必面临画作越来越多的收纳问题，如果都收进柜子里会不会太可惜了？面山背水好景致的132m²住宅，对仅有两名家庭成员居住来说相当足够，但怎么兼容各自艺术创作背景的空间生活情趣，就需要室内设计师的专业协助了。

空间转化灵活使用，客厅就是艺术工作室

一如展演空间或是艺廊，可随着展览或表演形式的需求，转化空间的面貌，设计师郭宗翰以这样的思路来思考，让这个充满艺术气息的家，同时满足每个人对它的期望。从一进门的地坪开始，设计师便选用了水泥粉光的质感，营造出设计艺术工作室的情调，另一侧的起居空间则是架高的木地板，缓和了水泥冰冷的感觉，保有居家温暖的居住气息。郭宗翰设计师一直试着抛开大家对于“玄关”既有的受限印象，将玄关设计为开放式，没有一定的界线，一直拉长至沙发后方的柜位廊道，即使有多人一同来访也不会再出现人群挤在门口的状况，柜位两个下凹的缺口正是给人脱穿鞋子的座椅，却也意外成了男主人看书时最爱坐下的角落。

高度开通性的格局手法

Q 想拥有高度通透的公共空间，但又需要独立练琴房和展示空间可能吗？

A 利用多元材质与地坪高低差区隔不同公共空间的组合定位，同时让壁面具有展示效果；而不一定要24小时处于密闭状态的练琴室，在推开活动隔断时，整个家就是音乐表演厅。要注意的技巧是：让活动隔断收纳时与固定墙面结合在一块！

1 当有其他亲友前来短暂居留时，将赤红活动墙拉上，立即切割出新的私密空间。

2 冷调的黑铁餐桌一旁搭配米白色砖墙，利用不同的材质创造出东西结合的冲突美感。

3 走道左边是琴房、右边是洗手台，各有滑轨拉门，练琴时拉门关上，外面也不会听到声音，洗手台旁的拉门也是另一个多功能室的隔断墙面，当作客房时，拉门拉上就有完整的隐私空间。

BEFORE

以往将画室、练琴室与住宅分开的生活模式，耗损过多移动过程的时间与精力，也浪费财力。

AFTER

学艺术的人最需要的是不羁的生活方式，将工作室形态融入住宅空间必须相当得恰如其分，要保有日常的舒适度，也要有创作所需的功能性。设计的空间立面与地坪产生趣味，多元的弹性隔断方式让空间产生延伸与独立的双重自由度，部分墙面成了展示画作与错落堆叠柜体的装置艺术，而相异地坪材质的区隔与架高塑造出格局的层次感。

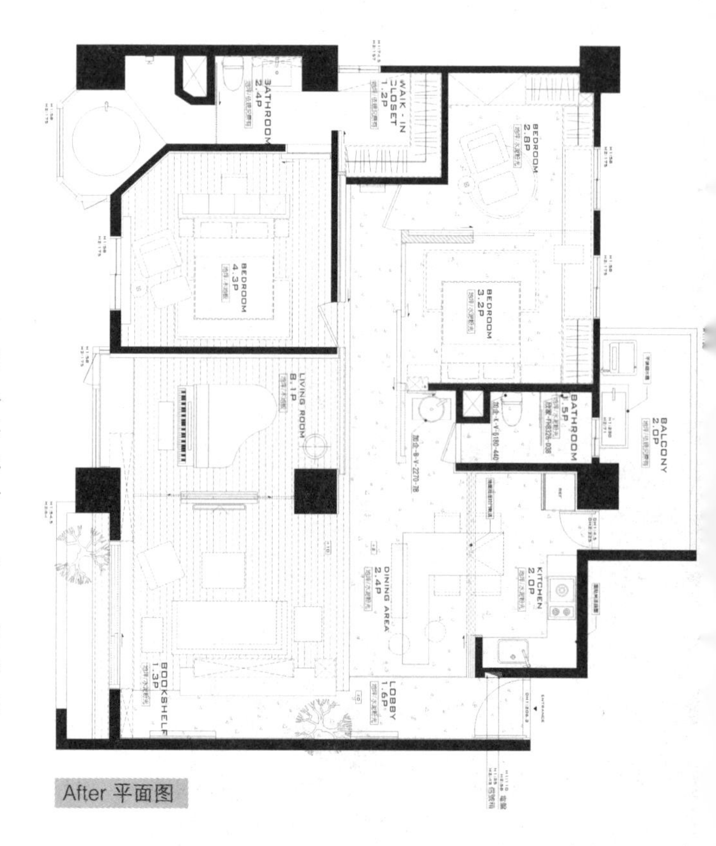

After 平面图

生活
好情趣

拉出墨色电视墙两侧的隐藏隔断翼门，来一场美好的午后琴声，琴室房内均设有铺放隔音措施，不用担心打扰了谁。

高度开通室内格局，三动作隔出密闭琴室

室内三室包括练琴室、主卧与客卧，皆采用活动隔断处理。母亲来访时住的卧室与练琴室相邻，卧室前那道赤红的墙，象征着母亲心中较传统的思维，与宛如西式音乐厅内的分割木墙面巧妙地结合在一起，仿佛东西文化在此交融；当练琴室需要足够的隔音时，红墙向前拉动可立即形成练琴房的隔音墙，电视墙两侧也可拉出墙面，让里面的人不受外界干扰尽情地练习。主卧室以可活动的原木实墙作为隔断，平时只有两个人住时，将所有的墙面拉开，整个家就是一个完整的大房间。

1 整个家同时也是私人画廊空间，设计师选择玄关处长廊作为业主画作的展示面。
2 室内可活动的原木实墙作为隔断，将所有的墙面轻松拉开，整个家走到哪通到哪。

主卧室平时将所有墙面拉开，让室内形成通畅的开放空间，需要时又可成为独立空间。

整个家同时也是私人画廊空间，设计师选择玄关处长廊作为业主画作的展示面。

簇拥满室金黄色阳光 大于49.5 m^2的空间放大术

设计 / a space design
图片提供 / a space design

空间形式：电梯大厦
室内面积：49.5 m^2
家庭成员：夫妻
室内格局：一室两厅
主要建材：客、餐厅／木地板、木作拉门

1 设计上将大面采光的部分，留给客厅，运用开放或活动式介面，加强动线的流畅。
2 电视主墙运用内嵌的手法，设计出展示功能，丰富了立面表情。
3 展示柜针对不同尺寸大小的物件，做出不同的层架组合设计，展示出立面收纳兼具展示功能的丰富的多元特性。

Designer
机关王 陈焱腾

看到只有49.5 m^2大小的生活空间，最先想到的是：功能与动线的规划，对于大面积来说，这并非难事；这户位于木栅区的住宅有着优异的采光条件，加上窗外葱郁翠绿的山景，业主夫妇希望在这样的美景环绕下，居住空间能有度假般的悠闲感，独立主卧、卫浴成了绝对必要的条件，当然还要引入阳光的温柔暖融，将阳光宅的优异条件发挥到极致。

1

右侧设计隔断，无碍采光，建构阳光住宅

设计师说当初也被建筑本身能够拥有充裕的采光而深深感动，所以在空间设计上，必须先利用采光优势，让阳光得以自由无碍地穿梭于空间当中，不影响采光条件是设计功能与动线必须解决的第一个问题，首先要将所有需要隔断的空间，像卫浴和收纳等，搬移至没有采光的右侧，左方的采光面则不多加隔断，利用流畅的空间动线，保证四季都是春夏的阳光温度。

Q 面积不大时，设计上要注意的有哪些？

A 面对有限的面积空间，主要是针对通风与采光的畅通与否，来决定隔断的设定。

Q 颜色对于空间的影响有哪些？

A 颜色一直是空间里的魔法师，活用颜色不仅可以改变空间氛围，也有放大空间的效果。

Q 如何使空间拥有生活温度？

A 利用生活中的相片，通过大小尺寸不一的相框，或旅游中的明信片，经由展示功能，形成端景加深生活温度。

1 立面通过层架设计，实现展示功能，可以放置业主的生活照片与旅行的明信片，增加生活意义。

2 充裕的阳光迤洒而下，带给开放式的客、餐厅舒适而开阔的空间意象。

3 利用隐藏门设计作为卫浴空间的动线开口，保持立面的和谐，经由光影的消长，形成空间的动态表情。

BEFORE

原格局动线不流畅，使得49.5m²的空间，功能设定上明显不足。

AFTER

隔断是主导空间里最佳的动线表现。利用半开放式的隔断墙，加上左右两扇可自由推拉的门扇，使隔断的灵活性增加的同时也丰富了空间多元性。而正好挡住主卧双人床的半开放式主墙，平常既可做展示墙，也借用一盏小型灯源的设计，让这面墙呈现多功能化的作用，从此只要将两扇推拉门打开，空间自然串联一气，合起来后，也保证了使用者的私密隐私权。

通过左右推拉方式的活动拉门设计，有效地连贯公私区域，也使得空间动线得以流畅和连贯。

生活好情趣

一早起来，室外的阳光大量涌入室内，给人以明亮、清新的感受，愉快的一天即将开始。

不枯燥的角落设计与颜色的运用

业主夫妇说："这个房子的每个面向都有不同的风景。"进入卧室的L形过道，规划成开放收纳柜，可以摆放一些生活照、旅游明信片和书籍等物品，既有收纳的功能又让这个过道重新富有生命力，成为空间中的端景之一。半开放式的聚焦主墙，保有隐私的同时又灵活运用空间，其中在颜色的挑选上，更通过黑、深灰、浅灰的层次墙面营造出宽广景深之感，清楚地将景深依序表现，便不再感觉空间狭小。

如果可以，给自己沏一壶茶，拿一本书，融入阳光的光氛，悠哉地度过午后时光。

03:00 pm

放假了，也想要工作。主卧睡床旁的工作桌，整暇以待地准备工作该有的冲劲儿与精神。

周末12:00 pm

大人的游乐场

客厅看电影、餐厅玩攀岩、卧室享泡汤

设计／凡可依空间设计 图片提供／凡可依空间设计

空间形式：电梯大楼
室内面积：128.7m²
家庭成员：4人
室内格局：两室两厅、书房
主要建材：客厅、餐厅、书房/消光黑铁制品、红豆杉、文化石、集成木、复古砖、板岩、瓷砖、电动无接缝大卷帘・卧室、浴室/特殊手工漆作、实木、镜面、木地板、碳化木

Designer
机关王 倪可凡

1 开放设计的格局让全家人有更多交集的机会，同时也方便孩子不离身地受到看顾。
2 刻意将阳台往客厅推出70cm，让阳台放宽为160cm，变成可烤肉、赏景的游憩庭院。
3 在电视墙后除有玄关柜外，还设有隐藏的储藏间，让收纳功能大大提升；右侧天花板上的扶手则专为业主健身攀爬而设计。

原本居住于大直的设计师倪可凡，喜欢融入大自然的生活方式，平日就常常带着孩子上山下海去露营、游玩。但为了让家人拥有更宽敞的居住空间，决定举家迁居至关度，一来以同样房价可获得更大的享用空间，再者全家人也能零距离地享受依山傍海的自然美景。既是空间设计师，也是业主，倪可凡设计师说这次终于可以顺从自己的愿望，打造一件与自我理想最接近的空间作品。爱玩乐、喜欢运动、健身，加上极爱小孩的他很享受与家人在一起的感觉，因此决定将功能各异的客、餐厅与书房等化为同一单位，让全家人可以在这个空间内，分享彼此的生活与欢笑。

1

400cm深大客厅，加装万向轨道隔出第三室

设计师将客、餐厅等全采用开放设计，且呈现更舒适的样貌，也可在室内从更多角度欣赏户外景观，更重要的是让全家人没有隔阂了。平日爱与孩子一起看影片的倪可凡设计师，为家人打造了一个相当不错的视听环境，除了有大投影幕，还配备电动无接缝大卷帘，而灯光则采用轨道灯，可模拟出更完美的剧院效果，当然超过400cm深度的客厅则提供更舒适的景深与效果。沙发后设有一张长达3m的书桌，以活动墙面配合天花板的万向轨道拉出，变成书房与客厅的隔断墙，让此处未来可变为目前太太腹中第三位宝宝的房间，考虑极为周到。

Q 家中有小孩，怎么打造无阻碍看顾孩子的环境？

A 消除室内的零碎死角、畸零地等使空间立面平整化，将公共区域尽可能视为同一单位并采用开放格局，让客餐厅有足够的活动范围，使孩子减少待在卧室玩耍的时间。再则，将浴室门板、部分隔断换成可视觉穿透的玻璃材质。

Q 想在家里盖一个攀岩场可能吗？

A 可沿着墙面设置可攀爬扶手，想强化承重与安全，先于墙面嵌入铁制品、加锁螺丝，最后再以握感舒适的扶手来打造自己的极限乐园。还可以在天花板上安装挂钩，依需要挂上吊床等。

Q 把泡汤温泉套房搬回家该怎么做？

A 要拥有舒适的泡汤浴室，首要前提就是要有足够的卫浴面积以及临窗的好景致，搭配超大浴缸，并于周边加设炭化木设计，方便放置饮料或者稍事休息，设计之完美更胜于温泉饭店，能给全家人最好的享受。

1 开放式书房旁边的浴室，将洗手台移出可方便小孩随时洗手。
2 从大门上方开始便有沿着墙面设置的可攀爬扶手，满足业主与孩子随时运动与玩乐的生活状态。
3 开放式餐厅的墙面以黑板作为铺面，让孩子可以在上面涂鸦作画，而右侧则隐藏有储藏室的门扇。

BEFORE

这栋房龄为17年的二手房，虽然前任业主原本就将双并的两间房子打通，格局上隔了三间卧室加一间书房，但却使生活空间无法展现特色与宽敞，甚至被切割得很破碎。就功能而言，也极度缺乏收纳空间。

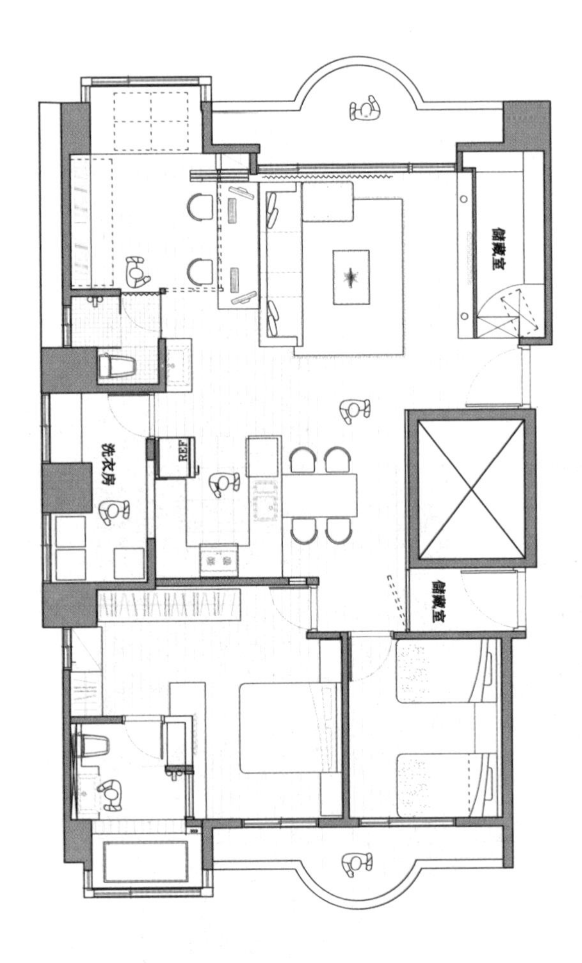

AFTER

将公共区视为同一空间单位来思考，经过微调部分隔断布局，客厅家具与开放式书房的书桌靠拢、餐桌和厨房工作台贴近，打通两间卧室成为可泡汤的大主卧，重整后的室内各区功能界定显得更为清楚，甚至还多了两个储藏室。而公共区也利用五金元件增添了生活趣味，比如书房隔断的万向轨道、可装吊床的多用途挂钩，还有如扇形般做90°转向变为餐厅门扇的大黑板！

生活
好情趣

一早就得和精力充沛的孩子玩，餐厅除有大黑板可做画布，还设有多用途挂钩，可作为运动单杠支架或装上吊床给孩子们乘坐。

浴室将门扇换为玻璃材质，另外在侧墙又加开一扇落地窗，使视觉更通透而户外景致也不受阻。

餐厅就是攀岩场 超大浴缸让主卧成温泉套房

餐厨区是另一个游乐场，在健身攀爬区外，还设有吊床、单杠挂钩以及大黑板，特别是大黑板侧边安装悬挂五金，在需要时可如扇形般做90°转向变为餐厅门扇，区隔出独立空间。

除了公共区处处有惊喜外，主卧室的设计也让人忍不住惊呼，双侧开窗的浴室成就了更通透的主卧视觉，也免于窗景被墙面阻断。加大的水床加上床沿设计则可让一家四口同寝共眠；当然，一起泡汤更是一家大小最爱的活动，倪可凡选择以超大浴缸、超凡景致给全家人最好的享受，并于周边加设炭化木设计，方便放置饮料或者稍事休息。

午后的阅读时光。客、餐厅及书房采取全开放设计，除了让室内更显宽敞外，更将客厅窗景延伸入书房，创造无价的环景效果。

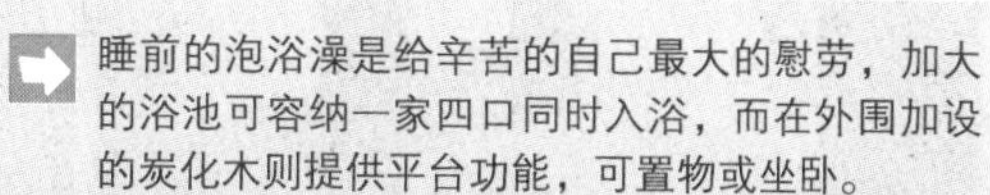

睡前的泡浴澡是给辛苦的自己最大的慰劳，加大的浴池可容纳一家四口同时入浴，而在外围加设的炭化木则提供平台功能，可置物或坐卧。

起床做瑜伽、花园吃早餐
请上10楼南法庄园

设计／金秬国际&金晟创意设计
图片提供／金秬国际&金晟创意设计

空间形式：电梯大厦
室内面积：106 m^2
家庭成员：夫妻
室内格局：两室两厅、瑜伽室、半户外区
主要建材：玄关/彩绘玻璃、壁纸、西班牙复古砖、红砖片、栓木染色·半户外空间/西班牙复古砖、红砖片·客厅、餐厅/壁纸、西班牙复古砖/瑜伽室/玻璃折门、红砖片、明镜·主卧室/壁纸、西班牙复古砖

Designer
机关王 罗淳

1 一道玻璃拱门隔开客厅通往瑜伽室、卧室的动线，每天都穿梭在舒服惬意的空间中。
2 将餐厅与厨房规划在一起，让餐厅变成一家人团聚交谈的中心。
3 进门的玄关两侧以镜面和彩绘玻璃装饰，创造一种欧洲小教堂的静谧氛围。

一栋独立的别墅或是地处一楼的房子，想要打造能在花园吃早餐的日常生活环境，绝不是一件多难的事，但当现实场景换到位于电梯大厦10楼的住宅，那可真是丢给设计师一个大难题了！热爱旅行的夫妻档足迹走遍世界各地，对于曾经造访的法国普罗旺斯乡下被自然包裹的慢活氛围十分向往。回到台湾，他们下定决心为新居寻找可以自在放松的家的感觉，不仅如此，身为瑜伽老师的太太想当然会需要一个瑜伽空间，还提出希望每天能在花园里吃早餐、一间能共享沐浴时光的浴室。业主夫妻俩清晰的需求以及对南法氛围的渴望，都能通通装进106 m^2的空间里而不压迫到其他生活空间吗?

双推门、折叠门、单开门，不同的门产生不同的心情

设计师罗淳在进行空间平面设计时，可以说是百分之百地从业主需求出发，然后才去考虑美感问题。格局重新针对业主的需求来规划，模拟生活情境、明确定义每一个角落的功能。例如：瑜伽室、花园、餐厅兼书房，在有限的面积下丝毫不浪费空间。妥善运用不同造型的门来区隔不同房间，让心情随着进入空间的不同产生变化；将采光好的空间作为半户外空间，搭配双推大拱门来营造内外有别的氛围，就像客厅外有个大花园。这样一扇无中生有的双推木拱门，将业主进出卧室、客厅的路线做了分割，每天推开门就好像走在南法的私人庄园中！

Q 一个空间有多种不同的门，设计上要注意什么？

A 门的设计，首先，主导着居住者日后如何使用生活动线，同时也是居住者从A空间进入B空间的“心境过滤网”，因此行走的合理性是最重要的规划前提；其次，设计风格则牵引着对门框、门的材质、开门方式的设定。

1 草绿色天花板、深绿色柜、红色茶几与植物壁纸彼此呼应，散发出缤纷却又和谐的自然气息。

2 运用户外花园使用的材质来打造这个空间，让人忘了自己身处10楼的大厦内。

3 为了争取更宽敞的主卧卫浴空间，浴缸特别利用到厨房部分空间，以争取更多面积。

BEFORE

想在高空大楼模拟庄园生活：没有阳台，又是密闭的窗户与瓷砖，和生活在自然的庄园世界截然不同。

AFTER

“门”变成不同空间的关键：设计师运用了很多不同的门来创造空间感，例如最明显的拱门，让业主每天进出都必须有开关的动作，对于一般人而言，可能会觉得麻烦，在自己家里还必须开开关关，但对业主而言，设计师却帮他们创造了生活的模拟情境，每天就像从一栋小木屋到另一栋小木屋一样，穿过赏心悦目的花园空间，走出客厅就像散步在自家庭园一样惬意，这是住在都市大厦里享受不到的乐趣，而设计师运用一道拱门就办到了。

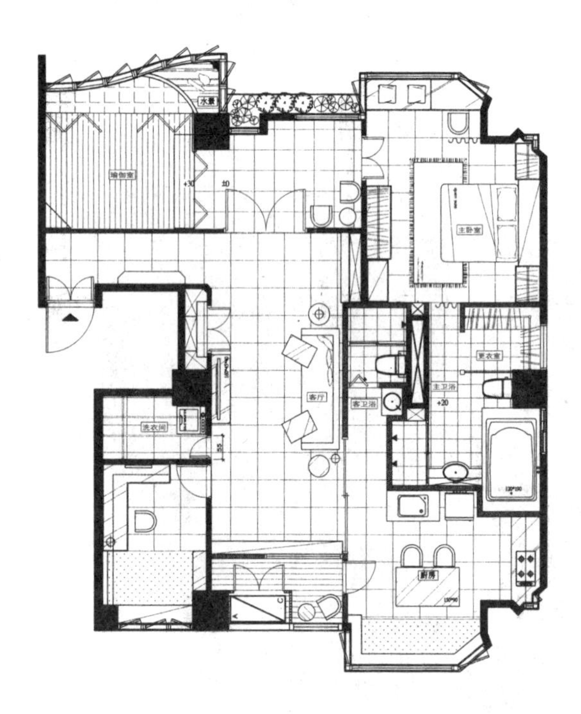

生活 好情趣

每日早晨开启房门映入眼帘的就是花园，可直达瑜伽室或左转通过拱门进入客厅。

主卧室的衣柜采用鲜黄色，和花卉壁纸相呼应，加上充沛日光，空间充满明亮的朝气。

双开口，从卧室也可以走进南法花园

必备的瑜伽室被巧妙地规划在花园旁，并在靠窗的地方打造一个挂满盆栽的水景角落，让这个空间不但舒适宁静更有大自然的陪伴，在做瑜伽吐气吸气间，都是新鲜氧气。设计师特别思考过的动线安排，让女主人早上走出卧室，不急着推开拱门进入客厅，而是先散步到对面的瑜伽室，做完早晨瑜伽、整理好面对一整天的心绪之后，再进入客厅。餐厅是属于夫妻俩的阅读角落，位于厨房内的大餐桌，平常不用餐时可没闲着，沿着窗下规划了成排的置书平台，让两人可以倚着卧榻在此聊天、看书；还有特别指定装设两组莲蓬头的浴室，是功能需求亦是生活情趣。每天在拱门、折门、滑轨门中穿梭，巧妙地用门来改变进入空间的心情，就像拥有好几栋小木屋。

宁静的瑜伽室加上一点角落水景布置，带领女主人进入放松的心境。

当不做瑜伽室时，这里是与好友聊天、喝茶的惬意秘密基地。

开放格局＋自然素材 把家变成箱根温泉

以个人为主体的慢节奏乐活空间

设计／权释国际设计 图片提供／权释国际设计

喜爱山区自然环境的业主，买下了邻山而建的老公寓，在面山处有一片樱花林，不舍美景的业主，该如何才能无时无刻享有美景呢？于是设计团队刻意将泡汤的浴池设计在阳台上，并仅以玻璃拉门与客厅相邻，如此开放、一览无遗的生活享受，让业主的朋友大为钦羡。

空间形式：传统公寓
室内面积：99㎡
家庭成员：1人
室内格局：一室两厅
主要建材：复古砖、木地板、铁制品、玻璃

Designer
机关王 权释国际设计团队

喜欢房子的外在环境条件，单身的女业主因此买下位于木栅的老公寓。独享的生活空间，以自己为主体的生活方式，让她在决定装修时，以“回家就像度假”的概念来规划。权释国际设计团队将原有格局保留，以带有休闲氛围的自然建材来美化空间。规划出全开放式客厅、餐厅及餐厨空间，也特别将卧室以更衣、淋浴及睡眠空间进行套件式组合，并考虑业主的收纳需求，增加木作柜体的数量。有别于一般将浴缸设置于主卧卫浴的设计，设计团队在视野最美的地方，为她打造一处专属个人且拥有四时更迭美景的露天泡汤池，呼应业主期盼的慢活度假感受。

1 成为客厅主景的露天泡汤池，完全呼应主人爱惜风景与慢活的生活态度。
2 全开放式的客厅、餐厅及餐厨空间，增大空间氛围的同时也可享有好采光与通风。
3 极简的天花与地面，简约的电视柜，让泡汤区成为家里唯一的风景。

1

落地门窗＋电视矮柜，让泡汤池成为家里的主要画面

对于将客厅阳台打造成泡汤空间这个不同凡响的点子，设计团队谈到：业主才是房子的生活主体，应该多些空间让其自由发挥。只需建构安全、完善的硬体，让业主能应不同时期、不同心情更换居家风格，随着生活的变化，空间会更有表情和温度。

因此，不将阳台纳入客厅使用，反而特别规划为泡汤休憩区，就是为了让业主在家就像在度假中。泡汤区不只拥有宽大的浴池，更有休憩座位与电视，让放松时间可以更长、休息得更舒适。而且，以玻璃落地窗门作为隔屏的客厅，不设电视主墙，仅以简单的层板代替电视柜，极简的天花与地面、纯粹与统一的橱柜，简约的设计手法，只为了让泡汤区成为家里唯一的风景。

Q 阳台设计成休闲区要注意什么?

A 首先要确定是不是会有从户外看进来的疑虑，如果选择的地方可能有人看过来，就要加上纱帘，但是到了晚上，里面的灯光强过户外，还是有被看到人影的疑虑。

Q 如果是西晒的位置该怎么办?

A 阳光是都市最可贵的产物，就算是西晒也可以用各种百叶窗进行调整，向上或向下的角度都可以控制光线进到室内的深度，还可以调整看向户外美景的高度。

1 不同一般阳台外推纳入客厅的手法，将此规划为泡汤区。

2 以采光罩及布幔所带来的间接光线，让泡汤有如处在阳光下般轻松，而窗边的木百叶及南方松木地板，更增添自然与温暖之感。

3 利用玻璃推门及大片开窗，创造泡汤区与客厅的最大开口，使两处空间与自然相融合。

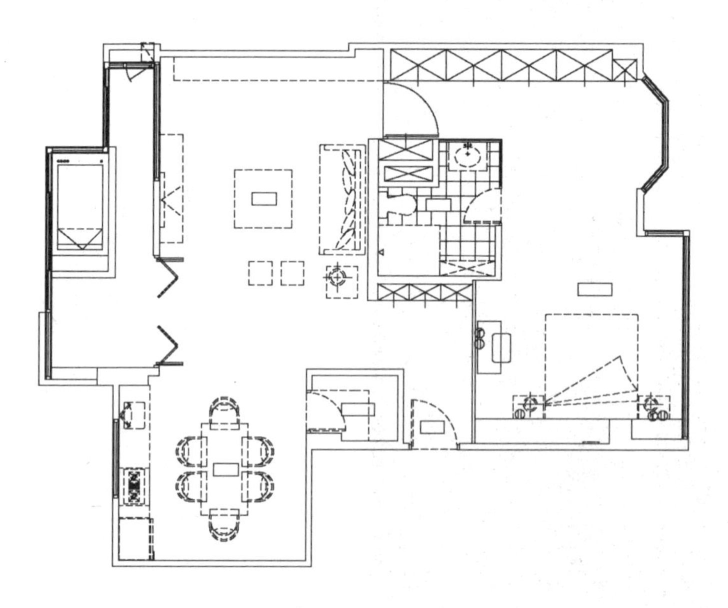

BEFORE

传统公寓看起来陈旧、格局呆板，并不适合单身人士生活，也不是能令人放松的空间。

AFTER

由于业主尚是单身，设计团队针对业主个人的需求，以她为主体的生活方式，设计了一室两厅的独享生活空间。99m²的空间仅规划为厅区及房区，在隔断方面也以全开放式的设计为宗旨。

汤屋+电视墙：为了让业主能在泡汤的时光中，更享悠闲的生活，设计团队特别在泡汤区设置了休憩座椅及电视墙。

玻璃卫浴+落地门帘，让卧室变成En-suite bedroom

在现在多数的设计中，卫浴都会与卧室相互整合，变成一个私人放松的空间，这就是所谓的“En-suite bedroom”。特别是这几年，卧室的私人浴室已经从隔离的空间，变成与卧室合为一体的开放空间，让开放卫浴也成为房间的一部分。

1 以沉稳的色泽打造的客厅，整面置物墙是依据业主的需求而设，而通往卧室的门也低调的使用同一色彩。

2 以落地门帘区隔开放式更衣空间及玻璃卫浴，形成En-suit Bedroom。

位于客厅主墙后方的卧室，以一连串的主人活动进行规划：入口处为丰富收纳规划而成的开放式更衣空间，搭配玻璃卫浴，少了传统隔断的阻碍，构建出光线和空气都能自由流畅的开放享受。在更衣、淋浴空间后以落地门帘和睡眠空间进行软性区隔，可视需求而关闭或开放，让业主能随心所欲地使用专属自己的空间。

砖墙+木地板：设计团队认为业主才是空间的主人，因此以简约的砖墙搭配木地板，只需更改色彩或家具，就能转换空间氛围。

开放式餐厨空间：当有朋友来访时，开放式的空间不仅可同时容纳多人，而大餐桌也可分担厨房事务。

Part 4

汇集人气的机关空间！

机关王大玩活动式收纳法

你不一定知道，明天会喜欢什么，设计师却了解多变的年轻族群，明年需要什么，从三室两厅瞬间变身成一室一大厅，当然不怕生活杂物突然冒出来。

>模糊空间界线 创造混合使用的乐趣

>消失的墙与门 让空间加强互动感情的频率

>跟着业主一起生活、长大的弹性隔断屋

>弹性留白结合隐藏收纳 我家是快乐动物园

>弹性移动屋 满足爱变的空间异想

>保留阳台，让孩子奔跑、学收纳的家

>与狗狗平等共居的可变动生活概念屋

模糊空间界线 创造混合使用的乐趣

76m²的空间，平日只有男主人居住、使用，看来似乎绰绰有余。然而，为了常来小住的母亲及假日来访的亲朋好友，就添购沙发、座椅或特别设置客房，实在太占空间。如何将平日的两室两厅，在假日变身为多人使用的聚会空间？曹均达设计师运用定制的旋转家具，模糊空间界线，创造混合使用的乐趣。

设计 / KC design studio　图片提供 / KC design studio

1

1 以活动电视墙作为弹性隔断，除了具有界定空间的效果外，更能满足平日与周末假期不同的使用需求。
2 大型的一字形厨房设备与四人座餐桌，就算两人同住也不嫌拥挤。

Designer
机关王 曹均达、刘冠汉

为了偶尔拜访、小住的家人与朋友，是否该为他们特别设置客房？想必这是许多业主内心的疑问。对于曹均达设计师而言，将空间充分地利用，创造出弹性的多功能，才是对寸土寸金都市居所的最好诠释。因此，虽是两室两厅的格局，但对于常有亲友来访、又面临婚期的男主人来说，如何为空间创造最大面积，是最重要的事。

首先，设计师进行一物多用，以电视墙取代客、餐厅的隔断，以书柜作为卧室与书房的隔断墙；再利用旋转的概念，将大型量体依据使用角度化为无形。在设计上，不仅考虑到空气的对流效果，更依据人行动线的流畅性，于柜体两侧留下通道，方便停留及行走。此外，更将隔断以削角进行处理，不仅让动线犹如行云流水，就连视觉也大大开阔。

空间形式：电梯公寓
室内面积：76 m²
家庭成员：1人
室内格局：两室两厅
主要建材：灰橡木地板、平光喷漆、铁制品烤黑、美雅板

具有旋转功能的活动电视墙，可以任意切换空间角色，让活动空间想要多大就有多大！而不规则形状的地毯，不只为空间带来柔软氛围，更满足假日客厅座位的需求。

化为隔断墙的书柜，拥有让空间随着主人角色无限变化的可能性。

【旋转电视墙】

起居空间大加值

虽然平日是常见的两厅小格局，在客厅配置两人座沙发及餐厅的四人座餐桌；但是假日一到，就要变身为6~10人的活动聚会空间。于是，设计师利用“旋转电视墙”作为解决妙招，让客厅与餐厅空间想要多大就有多大！

由于电梯间与卫浴卡在家的中心，设计师企图在受限的尺度中，创造出空间的最大值，加上主人与亲友们都喜欢群聚而坐的亲近感，因此设计师以木地板搭配定制地毯，让大家席地而坐，替代座椅功能，并搭配以两面轴心固定的旋转电视墙作为客、餐厅的隔断，融合空间的使用性，但仍区划出自由的功能与弹性。聚会用完餐后，只需把电视墙一推，就可坐下喝茶玩wii。

生生不息的循环动线

Route 01 基于人行动线的流畅性，设计师于柜体两侧留下通道，同时也将隔断锐角消去，方便行走。

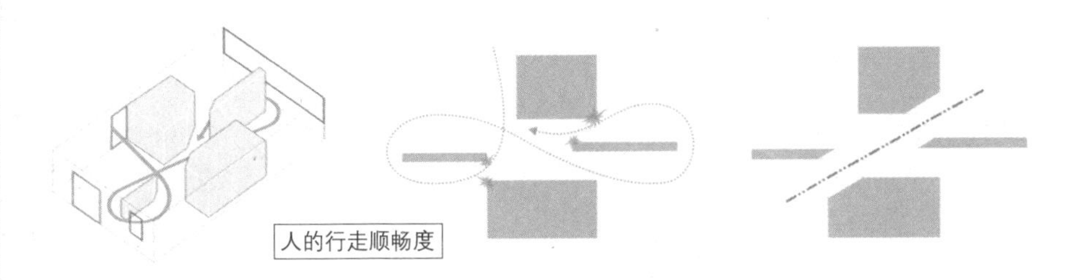

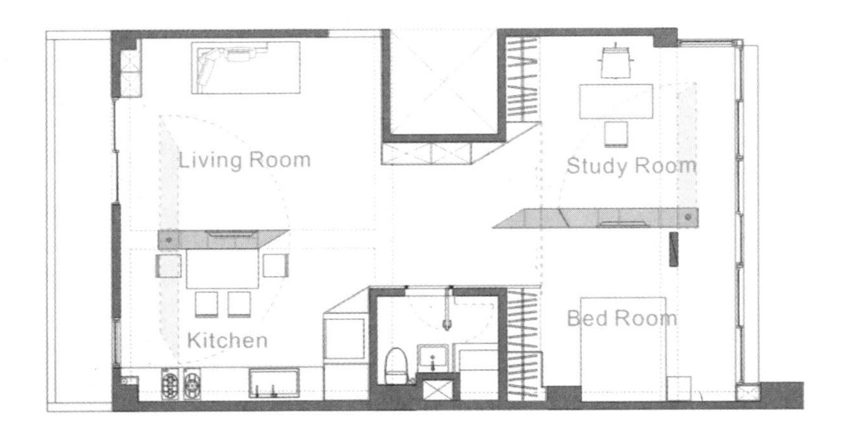

可移动收纳+旋转的电视墙：
由于空间为吕字形，顺势切割成为公共与私密区域，然而在两大区域中，如何将空间物尽其用是设计师最大的功课。以电视墙、书墙作为隔断墙不稀奇，然而以可旋转的墙面界定空间，则是设计师的巧思之处。

想要拥有不受干扰的阅读办公空间，可以固定或旋转书墙，突显书房的区域性。

【旋转书墙】满足多重角色扮演

旋转书墙可完全依照业主的使用需求分割为书柜与电视墙两部分。

兼具阅读及视听需求的书房，与主卧室一起形成一个功能齐全的大套间。

将两间卧室以“旋转书墙”作为隔断，根据业主身份的转换而千变万化。当一人独居时，能好好享受“卧室＋书房”的主卧大套间；当母亲或朋友来访时，又能顺利地将书房变身为卧室，让彼此都能住得舒适自在；若是将来结了婚，书房不仅可继续发挥功能，还可变为视听室，一起和太太享受家庭电影院！就算有了孩子也不必担心，书房更是顺理成章地成为孩子的卧室。相互覆盖、自由运用的两处空间，不仅不浪费空间，更可以大大满足未来生活的自主性。而且考虑到使用的便利性，设计师更将旋转书墙分割为书柜与电视墙两部分，可同时移动或个别转向，完全依照业主的使用需求进行操作。

Double **Function**

好灵活的独门创意

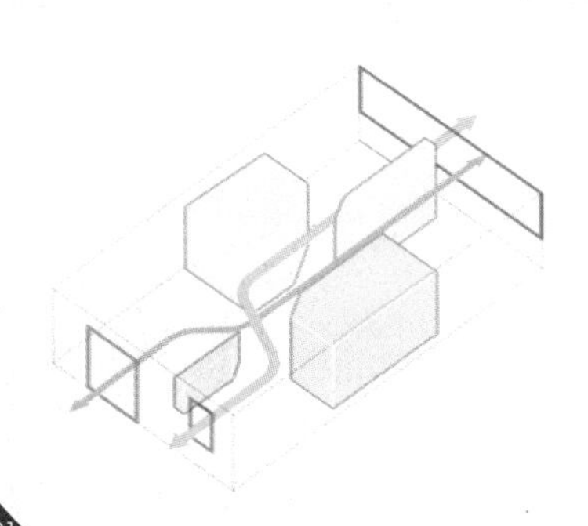

01

风的流动：

考虑到空间的最大开口，设计师以薄型活动隔断作为风的通道，不仅让空气顺利对流，也分享采光、美景。

02

多种设计柜体：

除了考虑到采光、气流、隔断与动线外，设计师更赋予柜体功能上的美型，侧看薄如纸板的墙面，只需轻轻一推就能推转，而庞大的收纳量与低调设计，更让柜体直接成为家的装饰。

消失的墙与门
让空间加强感情互动的频率

从事设计研发工作的业主，喜欢创意与美感，在为新家装修的过程中，希望空间能拥有鲜艳的色彩与新鲜的氛围，并为未来的新生命做预备。沈志忠设计师先将客厅、餐厅与书房三个空间灵活结合，并以别具功能的弹性隔断，搭配彩墙与具有设计感的家具，满足男主人对家的期待。

设计／建构线设计　图片提供／建构线设计

1 开放式书房仅以一道蓝色隔屏来略作遮掩。蓝墙与后方的餐桌、深紫玻璃墙、明镜与玄关柜的侧边，由于比例合适，故能形成和谐的画面。
2 宽敞的开放空间，是这个家给人的第一印象。客厅与书房仅以360°旋转电视柜进行不完全的区隔，此举更迎纳窗景让室内显得更宽敞。

Designer

机关王 沈志忠、邱静玉

业主原本有意要以主卧、儿童房、书房等实墙空间进行设计；然而，沈志忠设计师建议业主应就眼前的生活方式考虑，很多属于未来的空间需求，在功能上可与目前的区域作合并规划，不需另辟独立区块，因此多元性的功能设计，便成为整个空间设计的重心所在。

为了创造弹性的使用格局，“可变动”成为设计的主轴。客厅、餐厅与书房皆用可移动的矮墙作为空间分隔墙。客厅的旋转电视柜随着角度移动，转折到书房与餐厅两种不同性质的空间中；而书房与餐厅间的蓝色隔屏，勾勒出虚性界面，表达空间的界限关系，让行走动线与视觉均达到极佳的流畅。同时利用隐藏式拉门，于适当时机将虚的界线转换成实的隔断。

空间形式：电梯大厦
室内面积：135 m²
家庭成员：夫妻+小孩
室内格局：三室两厅
主要建材：仿马毛瓷砖、STACCO、柚木实木皮、橡木实木桌、烤漆玻璃、银狐石马赛克、仿银狐石瓷砖、橡木海岛型地板、胡桃洗白

开放式书房平时以旋转电视柜区隔客厅，蓝色隔屏与餐厅为界；若想形成不被干扰的独立空间时，还可从玄关柜后方拖曳出活动隔断门扇。

由于客、餐厅彼此无所阻隔，当父母在餐厅料理食物或用餐时，能很轻松地关切正在书房或客厅游戏的宝宝。

连续互动的态度

演绎家的概念

由于设计目的在于将空间舒适性发挥到最大，让生活起居里的每一角度，随时彼此连贯。设计师通过解构手法重新为空间注解，大胆地打开隔断，设计可弹性移动的门扇，使客厅、餐厅与书房一气呵成，延续出生活的动态，突破制式的功能与造型的框架，回应家人之间的情感互动。

设计师在玄关柜后方，设计了以镜面材质包覆、可弹性收放的造型门扇，运用这样的隐匿介质，让活动式门扇界定客厅、餐厅与书房的关系，赋予书房多元功能，不仅成为客房或未来的儿童房更经由开放关系的建立，让父母亲可以即时关照幼儿需求，同时开阔的区域能够作为孩子的游乐场所，实现亲子间互动、娱乐及参与儿童成长等愿望。

消失的空间，形随功能区域

Route 01 设计师重新定义空间界面，为年轻的夫妇打造连接相通的区域，以“可变动”作为空间的设计主轴，充分运用区域自有的特性。

客人来访，不管是成人还是小朋友，瞬间可以将公共区域分成三区来使用。

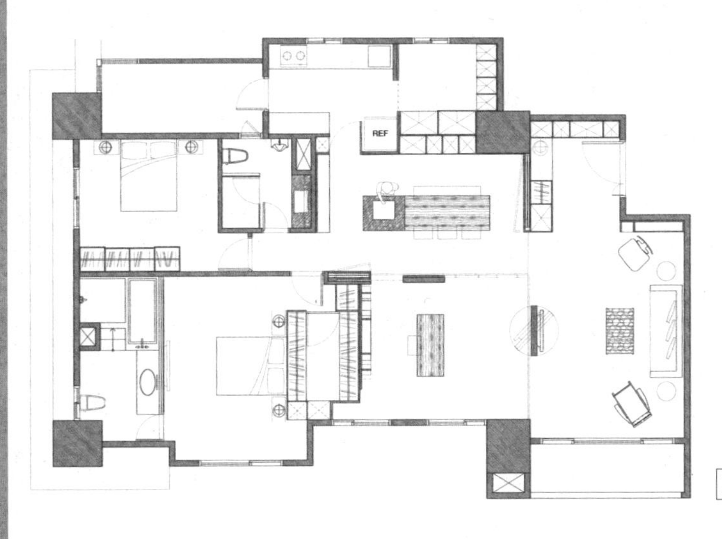

三峡唐宅after平面图

3 位于走道边缘的中岛餐桌，以压低的木作天花来强调空间，再通过周遭的镜面反射来拓展视线并增添趣味性。

4 可调整的弹性隔断，让身处不同区域的家人都能随时彼此关照。长达4m的中岛餐桌，是宴客或夫妻俩边用餐边烹调的互动区域。

消失于空间中的墙面

打开家的优雅风貌

360°旋转的电视墙满足全方位视听效果。

书房另一侧的蓝色隔屏，是与餐厅间的介质，特殊的颜色不仅凝聚视觉焦点，也成为餐厅的入口意象，运用象征优雅、高贵、浪漫的紫色作为餐厅空间的色彩，而长约4m的中岛餐桌，更是情感交流要地。业主夫妻平日用餐或邀约好友到家里品酒，全都可在此进行。为使空间感更完整，除了略微压低深色的木作天花，更将餐具与厨房入口全藏在墙面里。中岛左端配置的水槽，可成为厨房往外延伸的工作台，女主人坐在这个位置还能看到客、餐厅与书房的每个角落。

设计师大胆地运用特殊色彩墙面，经由立面、动线之间的转折，连贯各区域的开口，引申为彼此隐匿界限，成为空间专属的特色。消失于空间中的墙面、完全展开且自由流畅的动线，建构出家的自由，让所有隔断优雅、缓慢地展开，形成一种具有解放意味的形式与关系。

Double **Function**

好灵活的独门创意

01 消失的墙面：
秘密就藏在玄关柜后方的镜墙与走道尽头的侧墙！原来，墙里收纳了活动门扇，只要拖出这些门扇，就能围构出独立的房间。

02 移动的电视：
设置于客厅与书房中间的360°旋转电视柜，可随着业主的使用进行调整，可以转折到书房或厨房来用。

03 优雅的底蕴：
虽然空间以白色为基底，但设计师运用材质、色彩与比例分割，让色彩变成一种视觉景象，为空间注入了丰富的视觉体验，在灯光的调和下，映衬出空间与色彩前卫大胆的搭配。

跟着业主一起生活、长大的弹性隔断屋

不到99m^{2}的老公寓，突破原本三室两厅的室内空间样式，改以窗边小径串联主卧、次卧，是父母与孩子间的亲密通道，备用客房的弹性隔断正当日常西晒之际，可是一间不小的晒衣场；有收纳功能的电视墙往旁边一推，客餐厅就可以办起派对，还外加一个跟孩子一起经营的实验小农场！

设计 / 力口建筑　图片提供 / 力口建筑

1

1 V字形书架创造出客厅立面的趣味性，再以深色亚麻仁油板材衬托出空间层次。
2 当所有的门都打开，连客厅都变成小孩的游戏场，朋友来聚会时再多人都不怕。

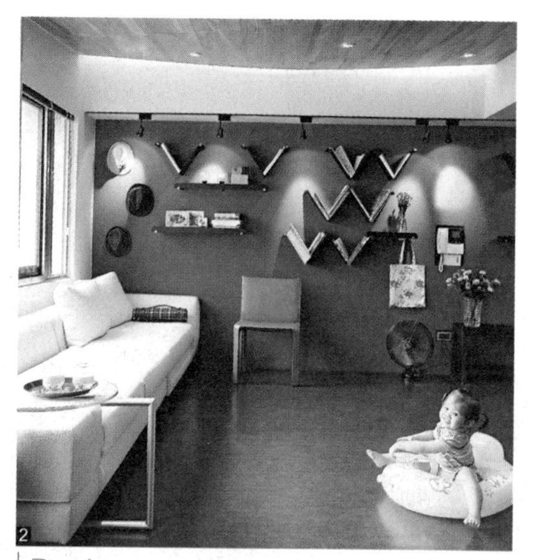

Designer
机关王 利培安、利培正

渴望宽敞的住宅空间，就得尽可能开放隔断，但在面积有限的情况下，业主愿意牺牲什么呢？对这个正值成长中的小家庭来说，仍是一个令人感到尴尬的选择题，因为他们永远无法确定怎么样的布局才是足够的！这间三面采光前后又有绿树环绕的二手房，入住之初仅有业主夫妻两人，但已计划好日后会有小朋友加入，加上每周经常举办家人、朋友聚会活动，因此，空间规划必须满足居住者正进行的事件，并可以被放大与弹性运用。其次，虽然屋外的物理环境坐拥山中绿景，但在屋内格局中层层墙面的阻挡浪费了这好条件。力口建筑团队重新思索家庭单元的公共与私密间的弹性容量，找到因生活中不同时段发生的事件，而对空间里细微尺寸及氛围定量产生的影响。

空间形式：大楼住宅公寓
室内面积：92 m²
家庭成员：夫妻+小孩
室内格局：两室两厅
主要建材：黑铁染色、不锈钢马赛克、亚麻仁油环保地材、水磨石、16 mm铝百叶

二手房窗户扩大后引入翠绿山景，深色基调也更衬托户外景致。

客厅有间会消失的卧室

主卧通次卧有秘径

原室内格局为通常的三室两厅规划，除了客餐厅采用开放格局之外，其他空间都被砖墙分别隔成卧室、卫浴间以及狭长的厨房与后阳台，室内采光与通风自然产生问题，房子周边的山岚景色也被拒于房外，似乎想要维持三室，居住者就得有所牺牲与忍耐。但利培安设计师可不这么想，拆除了两道隔断墙并将卫浴间的洗手台移出，居然还能维持三室！

其次，选择将主卧室移至后面，并在隔断墙面开个洞打造通往次卧的入口，虽然空间变小了，却能享受充沛的阳光、满是绿意的舒适畅快，看似牺牲的挪动，其实却为公共空间换取了更宽阔的视觉效果，以拉门、折门构成的客卧室，打开时与客厅串联达到延展空间的效果，孩子们聚会时可以开心地跑跳玩耍，搭配的六张定制单椅，既是孩子的玩具，拼在一块时又成为实用的双人床铺。

日常生活趣味动线

Route 01 敞开客房折叠门、收纳起电视墙，从餐厅到客厅区域成了派对的最佳场所。

Route 02 主卧与临时儿童房的神秘通道，是训练孩子独立睡眠的绝妙设计。

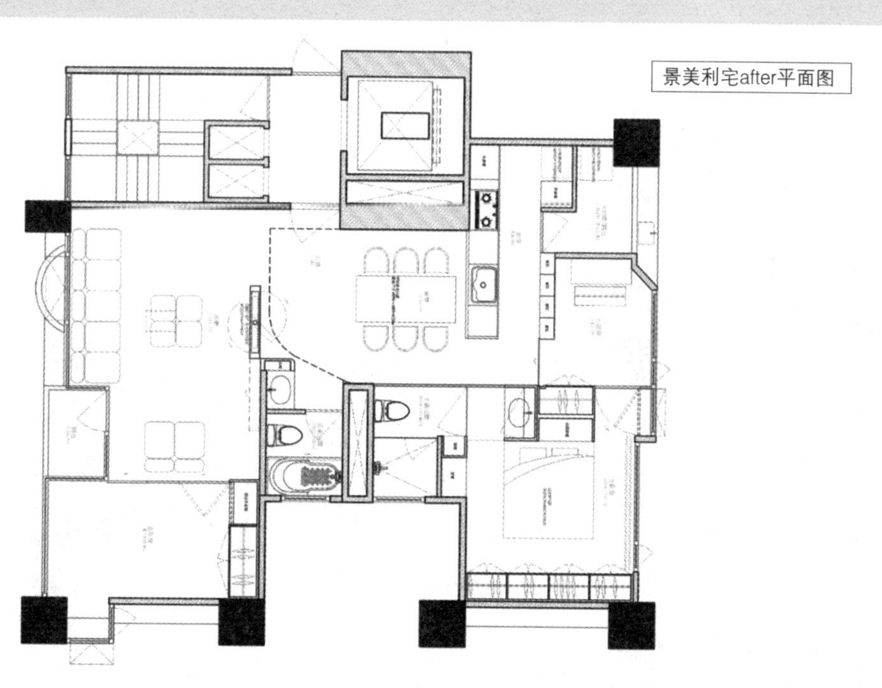

景美利宅after平面图

1 当收纳起电视墙与客房折门，公共空间宽敞无比地满足每周家人、朋友们聚会活动的需求。
2 不想天花板太低，但又必须容纳空调和灯，设计师以弧形天花板隐藏设备，除了隐藏修饰大梁之外，其中两侧R角更有助于冷气对流而下。
3 餐厅、厨房天花板皆以红色收边，厨房面板也选择红色，为空间增添一些暖意。
4 电视墙可以拉出至餐桌前，再翻转面向餐厅，满足女主人下厨时看电视的习惯。

重塑小阳台当实验农场

电视墙一推就被收纳

以铁制品、玻璃构成的书架，既能区隔空间又能穿透，业主通过书本的高低层次缝隙，可观察餐厨、客厅的行为动态，产生互动观察的趣味性。

穿透

重新整顿的二手房格局，拥有相当明亮的自然光，公共空间地面铺设亚麻仁油环保地材，在光线映射下犹如行走于自然泥土之上；恢复被外推的阳台空间，设计师说这是将来要让孩子作为实验农场的小天地。

为了解决太太习惯在厨房边做料理边看电视的需求，而打造出高难度可移动、又可旋转的电视墙机关，一座电视墙可让客餐厨三区共用，不想被电视框架限制空间功能，可往右一推变成客厅书柜的门扇，瞬间扩大公共空间的使用范围。整体住宅隔断概念以穿透开放的弹性手法，解开空间格局框架，让区域根据时间、活动创造出不同的氛围，同时以黑色作为主基调，更能衬托窗外的光景。

Double **Function**

{ 好灵活的独门创意 }

可移动收纳+旋转的电视墙：
两个空间都可使用，推开就连成大空间。

临时客房白天是晒衣场：
8张方块沙发组合起来就是临时客房里的双人床。

两个房间，3个出入口：
不怕顾不到小孩的卧室小径。

弹性留白结合隐藏收纳 我家是快乐动物园

标准长方形的四室两厅格局对于夫妻与小孩的家庭组合来说，看起来似乎是个够用的生活空间，但封闭的个人房间，往往一个不小心就可能养出宅童。加上在家工作的女主人希望能拥有：自己的工作室＋同时能照顾到孩子＋收纳大量藏书，因此如何规划空间，尽力促进家人互动就成了设计的首要目标。

设计／应非设计　图片提供／应非设计

玄关的端景柜，采用虚实交错的手法，其实是双面使用的抽屉，并精准切入厨房视线，让空间互动不断。

玻璃隔断的工作室，不仅分享光源也能与家人互动。

Designer
机关王 陈怡君、石德诚

身为插画家的女主人希望家中的工作室不再是一味地封闭式，而是希望这个独立空间也能和家人充分互动，加上夫妻两人拥有大量的藏书，要求书柜美观，并且收纳效果能提升至最大。

面对整齐的长方形格局，设计师认为从进门开始，就是感受空间韵律的前引，不需要做太多介面的设定，以免导致空间分割过于零碎，造成丧失功能和互动的局面。于是以走道为界，面光的一方依序设定为客厅、工作室、儿童房与主卧室，每处空间均声气相通；而另一侧则以玄关、餐厅、客浴及瑜伽房相对应，保留空间的最大弹性。然而碍于格局限制，长条状的走廊让空间略显单调，设计师再以女主人的职业为发想，让非洲风情在家中展现，使区域更添活泼趣味。

空间形式：电梯大厦
室内面积：191 m²
家庭成员：夫妻、小孩
室内格局：四室两厅
主要建材：清玻璃、白膜玻璃、木作、油漆、冲孔铝板

整合型的公共厅区，即使人坐在客厅也能与进门的家人和厨房忙碌的家人进行互动。玄关的大量收纳功能能满足业主的愿望，藏着的活动小椅凳，方便穿脱鞋子。

厨房与餐厅间以一道玻璃拉门阻挡油烟扩散，而玻璃门也成为可书写的记事留言板。

整合型公共空间

从进门处就能感受家的互动

首先进行公共空间的整合，从玄关、客厅、餐厨空间到工作室，一气呵成、视野开阔。玄关处以方正整齐的端景柜和餐厨空间相隔，在开放与封闭交错的余韵间，利用视角的延伸，让视觉精准地聚焦在厨房，即使女主人在厨房中忙碌，也能关心家人的状况；业主不爱看电视，设计师舍弃较少使用的电视墙，利用清玻璃建构工作室，此举不仅可以分享窗外的自然光晕，也使客厅、工作室和餐厨空间相互串联并能回应互动，而且只要放下卷帘，依然能让工作室获享隐私。开放式厨房与餐厅间则选用玻璃拉门进行区隔，既可防止油烟弥漫整个房间，也能在玻璃上写字，兼具留言板的功能，成功整合公共空间为一体，让家人间的互动从进门处就能被感受到。

兼具开放与隐私的不凡格局

Route 01

如何整合公共空间使其更具功能性是许多设计师面对的课题。在此户中，设计师完美整合了玄关、客厅、餐厨空间及工作室等公共区域，让家人生活充满互动；而私密空间的弹性设计巧思，更是达到了空间利用的最大值，让功能与美感兼备。

采用玻璃隔断的书房，充分呼应女主人对于家人彼此互动的需求，然而需要隐私时亦可放下卷帘。

文山政大after平面图

将女主人的手绘作品分别阴刻和阳刻于冲孔板上，不仅美化了狭长走道，成为点缀家的风景，中间还暗藏了通往客浴的入口，也成为家的传奇故事。

1 以清玻璃作为工作室隔断，具有穿透效果的材质，大大缩短家的距离感。

2 就算在餐厨空间中忙碌，通过视角与穿透性空间，家人们还是可以进行对话与彼此照应。

隐藏性弹性隔断 化创意为功能美型

应女主人的要求而规划的瑜伽房，不只是练瑜伽、小憩或聚会的场所，地板下、右侧书柜更是多功能的收藏室。

除了整合开放性的公共空间，设计师尽可能将空间利用率发挥到最大，不浪费一丝一毫空间，规划出主卧室、儿童房、瑜伽室等完善的弹性空间，并且让主卧室与儿童房同样拥有独立的更衣室，充分利用每一寸空间。为了应女主人的要求而规划的瑜伽房，铺上软垫的空间不只可以在这里练瑜伽，也能让孩子们小憩聚会，同时它也是个多功能的收藏室。架高的地板下，拥有大量的收纳空间，为了收纳家中大量的书籍，除了客厅大面积的书柜外，房内还设置了轮轴转动的移动书柜，足以媲美国家图书馆的藏书方式。此外面对走道的客用卫浴，设计师巧妙地将厕所门扉隐身在冲孔板之中，并以女主人手绘的图腾词汇表现。私密的弹性空间，只要有人在厕所里开灯，就能借用内在的灯光，让冲孔板隐隐透亮，不用敲门就知道是否有人在里面。

Double **Function**

好灵活的独门创意

轮轴书柜：
为收纳业主大量的藏书，设计师采用图书馆常用的收藏方式，以轮轴转动而移动的书柜，使用最小面积增大容量。

走道风景：
灯光透出十分美丽，整面造型墙包含了浴室的弹簧门扇。

端景墙：
玄关的收纳端景柜同时也为餐厅提供收纳功能，一组柜子两面使用。

弹性移动屋中屋
满足爱变的空间异想

买下三室两厅的房子，其中一间依传统规划成和室，但住了几年之后发现格局其实并不好用，和室的墙隔绝了客厅大部分的光线，也沦为堆杂物的房间，不常使用的厨房又占了太多面积，空间施展不开，让业主有了重新翻修的念头。

设计／意象设计　图片提供／意象设计

1 拆掉原有的和室墙面之后，客厅与书房之间空间感大开，光线也能够射进客餐厅。
2 开展后的格局，不仅空间感大增，利用活动家具随意定位的功能，也满足了业主的随想需求。

Designer

机关王 李果桦

跟大多数人一样，明明单身却挑选最不适合的“三室两厅”格局！第一次装修时以传统的方式进行，没走道的设计看来似乎很省空间，而且客厅、餐厅、主卧、客房及和室等各种空间齐备。然而，当和室密闭墙体阻碍了采光，就渐渐变成了杂物间；当亲友来访时，似乎什么空间都有，但却没有足够的地方可坐，且亲友离去后，又得整理客房。而在自己需要思考、散步时，爱猫需要奔跑时，却又只能待在约16 m²大的客厅里，真的很闷。

李果桦设计师在勘察了现场之后，与业主讨论出活动式屋中屋的概念，让可移动的床铺保留客房功能，又不会影响到采光，并转换电视主墙的位置，让客厅横向展开与开放式的书房、餐厅一气呵成，加倍放大公共空间，三五好友玩wii、瑜伽都没问题。

空间形式：电梯大厦
室内面积：92 m²
家庭成员：1人
室内格局：两室两厅、可居式活动间
主要建材：超耐磨木地板、美耐板、贴皮、还原砖、油漆

活动屋中屋可视开口方向，提供不同功能，当面对客厅时不仅可增加厅区的座位区，拉上隔断帘后也可成为亲友小憩的空间。

屋中屋的设计不仅满足了客房功能，也能灵活地移动位置，让空间有更多变化。

活动屋中屋

让客厅可随性缩小放大

根据过去的设计经验，和室通常是杂乱的同义词，往往变成了业主的杂物间。因此，设计师决定取消公共区域的两段固定式墙面，让阴暗的角落消失，加上分属三道对外窗，让空气、阳光可以自由流通，即使夏天都很凉快。

接下来启动无界线客厅计划，依照业主的希望：当必要时，要有房间；不必要时，又有空间。经过仔细讨论后，发现“不需要客房，只需要床位”，因此设计师决定让业主自己定义空间，将和室变成一个“可居式的活动屋中屋”，这个可以移动的“客房”在开放的弹性空间随着位置变化、角度变化，定义自我的存在。当亲友来时，可推到角落增大客厅空间或反向过来，让屋中屋开口面对客厅，添加客厅座位区；亲友留宿时，又可转向书房变成客房。这种可大可小的客厅、移来动去的屋中屋，充分满足了爱变的业主，想要一间不会玩腻的弹性空间的异想！

随意变化的生活操场

Route 01 【独乐乐】业主仍然拥有开放的客厅、餐厅、书房、发呆亭（屋中屋）及储藏室（弹性客房）等多重格局的好设计，而且还可以在家散步、活动筋骨。

Route 02 【众乐乐】随着视听、用餐、聊天，甚至是住宿等需求，移动屋中屋或弹性客房让家的使用富有变化。

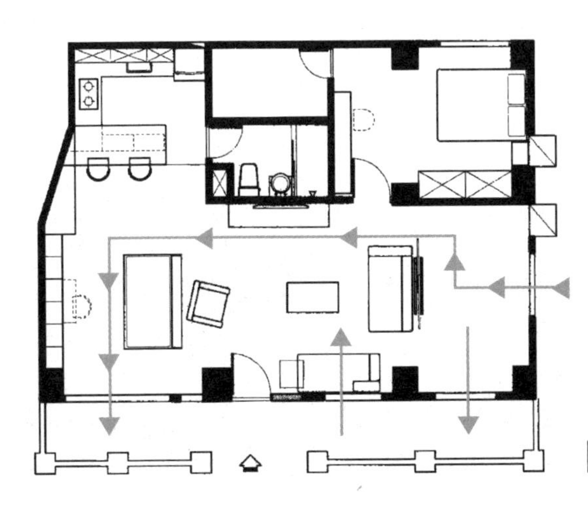

空气的流通，减少屋内潮湿感

明亮通风的客厅与弹性客房采用活动门扇进行区隔，低调稳重的门扇不仅点缀客厅，其双出口的设计更是兼顾动线与视线。

回旋式动线
让空间与成员一起变动

弹性客房中拥有便利的收纳功能，是储藏室、客房，未来也可简单地改造为儿童房。

设计师除了以活动的屋中屋消除客厅界限外，同时也变更餐厨空间的坐向，让整体空间面向更宽敞。拆除原本半开放的小吧台，将炉具移到侧墙面，与厨具、冰箱构成流畅的操作动线，再增加长形台面，匚字形的备餐空间，同时具备用餐与工作台功能。而内缩的餐厨空间与书房、客厅及弹性客房完整串联，回旋式动线不仅大大展现空间感，更是业主与爱猫追逐奔跑的赛道。

变更座向后的餐厨空间，也将原本突出于空间中的餐桌以长形餐台取代，让备餐流程更顺畅，空间更节省。

与客厅仅以衣柜间隔的弹性客房，设计师利用双面隐藏式轨道门，增大其空间感，也加强其与客厅的无障碍感，并于内部安排适当的收纳空间，提供储物、亲友短居等多重功能。同时也为未来进行规划留有可能，往后若是业主结婚有了小孩，还可将门扇固定，变为有实墙的儿童房，让家里的空间可以随着家中成员的变化而随时变动。

Double **Function**

好灵活的独门创意

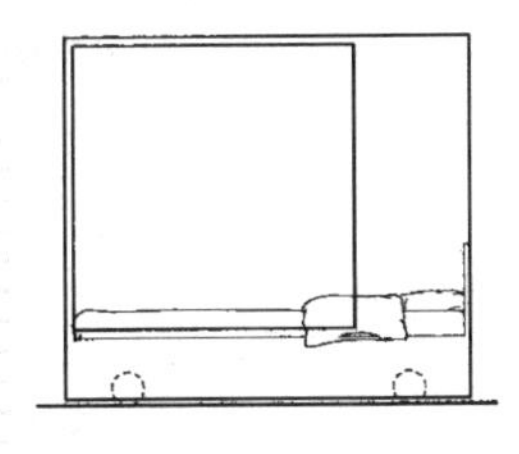

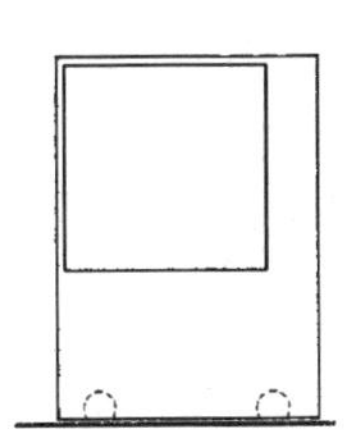

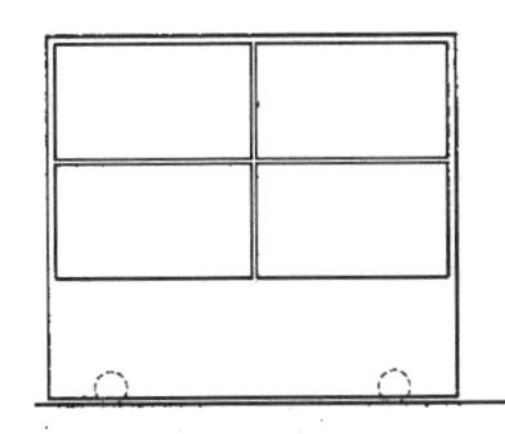

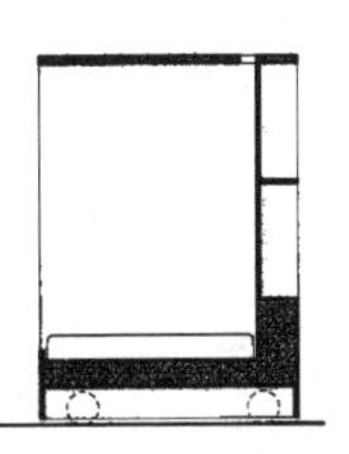

活动卧室：
活动的屋中屋是设计师特别为业主量身定制的活动家具，具有收纳、展示、座椅、卧铺，甚至是猫咪小窝等多项功能，而且还可以随着使用需求的不同而移动，不顶天的高度也为空间带来区隔但不阻隔的良好视觉感。

保留阳台，让孩子奔跑、学收纳的家

传统老公寓的住宅，完全实墙的区隔，如果又在角落里忙着，根本搞不清楚谁回来了没？想要将传统封闭的厨房予以开放，融入活动式客、餐空间，并将最内侧的书房隔开，采用玻璃材质，呈现宽敞、舒适的空间感受，让全家人都能共处于公共厅区，却又能享受自我时间，随时关注家人。

设计／直方设计　图片提供／直方设计

1

客厅茶几桌面可打开，里头收纳着孩子的玩具、童书，能到处推着走，是收纳家具，也是孩子的大玩具。

1 这个家有大量的家具都是量身定制的，沙发、茶几皆为移动设计，生活更富有弹性变化。

Designer

机关王 郑家皓

因缘际会再度买下传统老公寓的住宅，女主人公寓式的生活经验，期盼获得改善。举例来说：身为教职人员的男主人，平常喜欢待在书房阅读，但是旧家完全都是实墙区隔，如果又在厨房里忙着，女主人根本搞不清楚谁回来了没，而且也不希望孩子一回家，就往自己的卧室里钻，完全缺乏彼此的互动。因此直方设计利用“位移”与“活动”手法，将餐厅稍微往客厅方向挪移，敞开厨房空间，同时亦将躲在起居空间角落的书房改造成玻璃书屋。重新开放格局后，餐厅位于起居空间的轴心，大餐桌成为妈妈的临时工作桌、孩子写功课的角落，而在玻璃书房阅读的爸爸亦可轻松地加入对话。活动家具满足一家人的使用需求，玩起“大风吹”游戏，充分地融入业主的生活形态。

空间形式：传统公寓
室内面积：109 m^2
家庭成员：夫妻+小孩
室内格局：三室两厅
主要建材：复古砖、木地板、铁制品、玻璃

餐桌与书桌皆是设计师特别定制的家具，风格与款式皆相同，当邀请亲朋好友来家里聚餐时，可将两张桌子并在一起使用，同高度的设计让美食与欢乐继续延伸。

开放又隐秘的玻璃书房
让主人享受个人城堡

坐落于整个起居空间最角落的书房，是男主人的秘密小城堡。话虽如此，可书房两侧皆为落地清玻璃推拉门，似乎少了点“秘密”的味道。其实是设计师怕男主人过于窝在自己的小空间，少了与家人的互动，因此以玻璃作为书房隔断。一方面保留了书房空间的定位，另一方面拉下百叶帘后，里面的人还是可以享受到专属的私人领域，且当全部玻璃门拉开时，视线能从大门直通书房，在面积不大的情况下，营造视觉的宽阔感，而架高的地面亦可席地而坐，让书房的氛围更显轻松。破除了传统老公寓的格局问题，敞开后的起居空间产生亲密互动感、宽敞感，在木头、金属材质的搭配下，辅以浓郁色彩的转换，时而悠闲、时而充满活力。

2 客厅内侧的书房采用具穿透性的玻璃拉门隔断，加上厨房的开放处理，空间感宽敞许多。

保留阳台，避免直晒、雨淋又通风

Route 01 老公寓普遍存在的前阳台，设计师放弃外推扩大起居范围的传统思维，反而给予保留，避免了直晒及雨淋问题，亦充分打造出穿脱鞋物的玄关空间。

Route 02 设计师给每一个窗户都加装气窗，甚至厨房侧边加装抽风机，房门上端也开设气窗。平时只需开窗让风对流，老房子就不再闷热。

和平东路黄宅after平面图

设计师给每一个窗户都加装气窗，甚至厨房侧边加装抽风机，房门上端也开设气窗。平时只需开窗让风对流，老房子就不再闷热。

随意移动的家具

客厅变身孩子的玩乐天堂

随着沙发的移动，客厅也能成为阅读、活动的角落，铁制品结构的木头层架，能自由移动高度，是书架亦是展示家人回忆的舞台。

由于业主的藏书量十分惊人，书房、客厅墙面均以铁制品为结构，搭配可上下移动的木头层架用以收纳，使每个空间都能随性地看书。客厅也不再只有单一的陈设，木头层架亦兼具展示功能，业主甚至为空间定制了可移动沙发、茶几，装置了滑轮的家具可根据心情、需求改变位置。将沙发推开后，整个客厅就是孩子与同学写功课和玩乐的场所，打开茶几上盖，底下更藏着各式玩具，玩累后移开茶几，温润质朴的木地板就是他们的午休场所。此外，设计师也特别定制相同的餐桌、书桌家具，在好友家人聚会时能合并使用，赋予更多弹性。

Double **Function**

好灵活的独门创意

01

开放厨房更好用：

拆除隔断后的厨房变得宽敞舒适，地面材质的转换便利清理，白色复古瓷砖壁面搭配柠檬绿厨具，空间更为跳跃且有层次。

02

书柜台面：

书房的两层柜除了下方收纳书籍，台面也留有空间，方便平时看完随手放置，令台面更有人文风格。

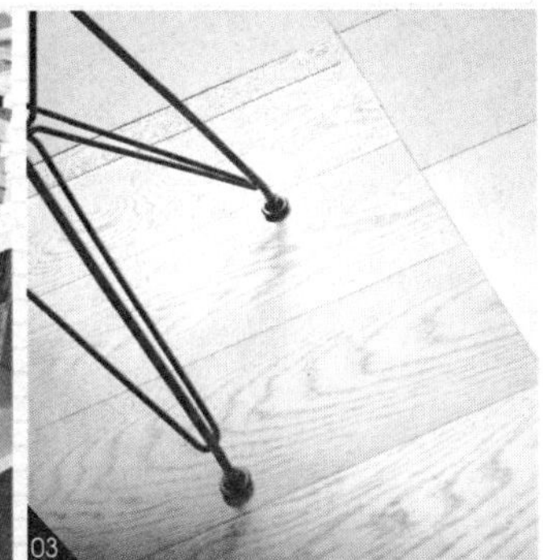

03

地坪划分：

少了墙壁的区隔，厨房与餐厅之间的定位就由地坪做决定，木质地板为餐厅，而踏上瓷砖就知道是进入厨房领域了。

与狗狗平等共居的可变动生活概念屋

有些人买房子是为了拥有更好的生活品质，有些人则是为了小孩，那么爱狗的人肯定也想帮自己的爱犬找个在家就能畅快奔跑的住宅空间，最好还能有狗狗房的专用厕所，在某些程度上麻烦。尊重狗狗的居住权，在拥挤繁乱的城市里，有没有这个可能性呢?

设计／二水建筑空间设计　图片提供／二水建筑空间设计

中阳台后方是串联垂直住户的天井，附设的架高台面，也可以变成和狗狗互动嬉戏的地方。

就连厨房也可以通过白色门扇使其消失不见，呼应了包设计师认为家应该是可变动的生活概念。

Designer

机关王 包涵榛

这栋位于老社区内的顶楼公寓，虽为两层楼格局，但毕竟是历经40年岁月的长形老房子，建筑物本身状况老旧之余，原始格局规划也已经不敷使用，老公寓的前身竟然隔了五个房间，不仅如此，前后左右三个阳台也全都外推，非常得“地尽其用”，若是一般人应该不会想多瞧一眼！但楼梯间的窗花还有长形格局两侧的天井，对爱老房子的人来说是再迷人不过的空间元素了，如何根据居住者的需求，更好地运用该空间元素，是对设计者创意的考验。

空间形式：公寓
室内面积：132 m²
家庭成员：1人2犬
室内格局：三室两厅
主要建材：水泥粉光、磨石子、冲孔铁板、黑板漆

将墙面冲孔铁板滑开，里面还规划着可展示和收纳的层板，透过从下而上打进的光源，十分具有剧场效果。

视听间不摆过多家具，就连电视柜也仅以恰好的收纳规划呈现，让空间保有留白与可变动性。

可移动性的门，让家就像舞台千变万化

接手改造这间40年老屋的设计师包涵榛，同时也是这间房子的主人，1个人加上哈士奇、拉布拉多两只大型犬都要住得舒适，还要放进视听室、工作室，会打造出什么样的弹性空间格调着实令人期待。设计师接手后的第一件事，就是将阳台通通恢复原状，甚至内缩得更宽，长形住宅里便产生了前阳台、中阳台与后阳台，让这个能与自然接触的空间更宽敞。而两层楼的格局全部拆除，一楼利用剪力墙划设出开放、穿透又具隐私的居住空间，上层则是一并拆除天花板，突显挑高的气势将光线引进来。其中，一楼宽敞、通透的空间规划各种活动拉门，依据不同需求区分几个独立区域，包括厨房黑板漆拉门、玄关与客厅之间的折门、一楼往上层的冲孔铁板拉门。家就像一个舞台，不只分成前台和后台，还具备可移动性，随着不同的幕变化不同的场景效果，就像小型实验剧场。

阳台的进门区有着高高低低的台面可逗留，运用传统的水泥和砖墙质地，让这儿充满着自然与人文的气息。

Q 设计弹性隔断前，除了室内需要和采光，还要收集哪些讯息？

A 设计师解读空间环境思考格局，从空间周遭环境、日照变化等去解读房子，最后再加入功能需求，例如前阳台到中阳台间就有一条狗狗专属的上厕所动线。

Q 活动墙要选哪些材质？

A 进一步利用拉门丰富空间表情，通过不同材质与日光游移的时间点，拉门不论是静止时，还是移动位置之后，都让空间表情变得很丰富。

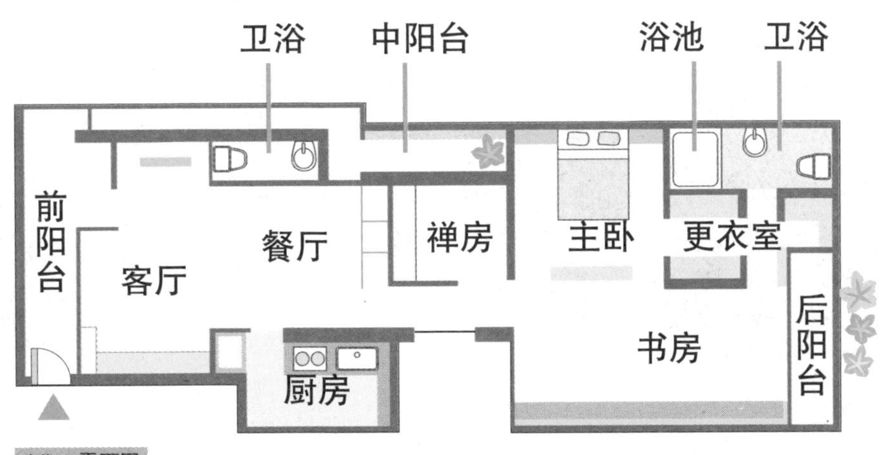

After 平面图

会想到这么大的弹性隔断法是因为业主希望随时随地能坐下，看到生活中不同的风景，因此在窗户下设计长台面，取代家具摆设。拉门结合墙壁成为多功能活动墙，应对业主一个人、学生聚会与朋友来访等各种需求。

因为很爱狗，所以在思考房子的形成时，自然会把狗的需求考虑进来，业主说人和狗在空间里是一种共生关系，空间不只单单满足业主自己，狗在这房子里舒不舒服、自不自在，也会影响到空间的设计，例如最特别的就是有狗狗专用的厕所！客厅里有一小扇通往阳台的窗，可以让它们方便进出如厕，减少业主每日的清洁工作。除了各类弹性隔断维持空间开放度，还减少了家具的摆设，为它们保留最大的活动空间；选择耐磨的水泥地板可让它们奔跑，甚至于帮助通风、对流良好的窗，都能让它们感到幸福。

如细雨纷纷的寝区，将线帘做了极致的表现，让人在进出时产生不一样的动作与情境。

狗儿也有舒适居住权
在家自由奔跑非难事

串联前台与后台的走道，通过前后两片拉门弹性释放出空间的开放与封闭比例。

推拉

Double **Function**

好灵活的独门创意

泡茶区：
进门左边的泡茶区是一个鼓励人在此停留的角落，舒服的午后可在此泡茶或看书。

长台取代座椅：
窗前的卧榻是另一个可停留的地方，用长台面取代活动家具的概念，也方便狗狗们奔跑。

多功能房间：
紧邻阳台的禅房空间也可作为客房使用，阳台区的一部分规划为狗狗的厕所。

Part 5

弹性+收纳机关是简单易学的!

7件小五金变出14种基本好用机关

机关内在的秘密魔术分解秀

> 规划弹性隔断大要点

01隔音
02隐私
03采光
04通风

> 好用建材小百科

01玻璃弹性隔断
02木制弹性隔断
03铁制品、电动卷帘、不锈钢隔断

> 神奇五金变身机关王

规划弹性隔断一定要注意隔音、隐私、采光、通风

只用平行拉轨，就能创造魔法空间

平行拉轨是最不占空间的弹性隔断法，相较于折门，它的隐藏性更大，在空间变化使用时也更显自然。而且平行拉轨能创造空间的最大开口，让生活变得更自由。

再者，利用弹性隔断创造对空间的认知与认同感，不仅深深地影响着空间的分配，也可让人对空间感到有趣、舒适，甚至是发展出更多的可能性。充分地利用弹性隔断创造空间感，形成对生活的制约，当空间拥有次序感时，更易有放大空间的效果。

隔音住宅知识王：隔音材料运用秘技

弹性隔断，即视使用需要而打开“两空间结合为大空间或关闭两者区分为两空间”。但不同性质的两相邻空间，其隔音的需求绝不可忽视。例如：一动一静的客厅和书房、一武一文的餐厅和书房，或者是两者都热闹的视听间和麻将室，完善的隔音规划，才能让每个空间各司其职。

Designer | 机关王 马昌国

Point 01 空间性质VS.隔断材料

弹性隔断设计常运用玻璃、木作、铁制品等作为墙与门，就连帘幕或柜体等家具及家饰都可作为隔断的材料。但最重要的是根据空间的性质不同，隔断材料也就不同。例如：相邻餐厅与主卧室的书房，关上玻璃滑轨门就可成为主卧室的附属空间。

打开门则为餐厅区域的再延伸，既具隔音效果又可彼此互动。而紧临餐厅与书房的小起居室，搭配展示层板的玻璃墙，让业主可以随时看到孩子们的动态；然而木质滑轨门，又让起居室成为孩子们的独立休闲空间。

住宅知识王

所谓的开口

是指空间与空间的穿透方式，可利用门、窗、洞等手法进行空间的连接，开口越大，越能让人感到开阔舒适，也能欣赏到空间自然的变化。

Point 02 隔断+收纳，双重功能更隔音

弹性空间要实现多方功能需求，就得具有一物多用的灵活变身。无论是电视墙兼视听器材柜、电视墙兼书墙、床头主墙兼棉被收纳柜，甚至是书柜、衣柜都可能成为隔断的中介，而厚实的柜体同时亦具有高隔音的功能。

> 在书房与卧室的空间中，使用雾面玻璃与金属材质组成活动式格柜门，同时具有置物与隔断的双重功能效果。区域间彼此借景，自由复合使用的生活方式，更能降低视觉压迫性。

Point 03 隔断→造型墙，只隔噪声不隔美景

仅有一侧临窗的长形住宅空间，若是依序安排空间，容易造成阴暗的死角，用弹性空间思考设计时，则能将每处空间进行连接。

> 在书房与客厅间的电视墙以清玻璃搭配砂岩片让景致穿透，延伸视觉的深度与广度，并增加空间互动的效果，更通过橡木框景，形塑窗框来化解天花梁柱产生的压迫感，让拥有水岸与山林绿意美景的住宅，通过材质的辅佐，诉说悠然诗意。

住宅知识王

隔音材料运用秘技

除了注意隔断材料外，也可以简单地使用地毯、窗帘及裱布等家饰达到吸音效果；或是在天花板及隔断墙中放置吸音棉。而音响视听室的墙面及天花板材质，可使用防火无毒的隔音板作为表面材料，更具隔音威力。

门的隔音通常最差，建议使用以下方法改善。

1. 门框：将隔音胶条粘贴于门框上，进行门边缝的隔音。
2. 门下方：将自动升降隔音胶条嵌在门的下方，达到门下缝隔音的目的。
3. 门内：在门内部加上隔音垫或软木垫也是好方法。

隐私住宅知识王：躲猫猫的视线变化

在进行弹性隔断设计时，以自身的需求、生活习惯和使用频率来选择隔断的形式，从完全密闭、半开放到无遮蔽的全开放式，多种设计相互运用，让空间更具弹性。例如：注重个人隐私的卧室或是需要安静的书房，密闭式空间较为适合；而公共区域如客厅、餐厅和厨房等经常走动、使用的地方，则利用具穿透感的材质或是弹性可移动的门扇、柜体等，有效开阔空间广度，也能适时具有遮蔽的效果。

Point 01 穿透感＋不做满隔断，化解居住不适感

为了避免玄关大门正对窗户或后门，有时会在玄关砌上一道墙来化解。但若隔墙的方向不对，让光线照不进来，玄关就变得阴暗。

采用具有穿透感的屏风或镂空、半高柜体来作为隔断，不但能化解问题，也能延伸视觉，增加采光。为了让居家更显现代风格的情调，在进门的玄关处，舍弃传统的端景桌设计，改以五根大理石柱创造视觉穿透感，石柱利落的线条更彰显出现代风貌。

Point 02 隐藏感＋造型化隔断，化解尴尬

通往小夹层的阶梯也是书柜，因为面很窄，所以设计镂空梯阶让脚掌能踏稳；一大一小的滑轨门加上镶镜面的白拉门，可以组成封闭卧室或开放夹层两种动线，可兼顾隐私。

Point
03 移动式＋收纳式隔断，避免干扰

《 拥有卫浴、书房、更衣空间的套间式卧室，渐渐成为主卧室的重要配置，然而该如何配置才能达到最大的使用效益又不互相干扰？可移动的隔断成为重要的设计手法。而家中若有幼儿或是刚上小学的孩子，基于照护的需求，父母亲都会希望能将家中卧室设计得更具弹性些。

打开更衣室、主卧室、儿童房各区的拉门，家宛如一个超大规格的套房。过道变成从主卧区至儿童房的大游戏空间，且两侧墙面整合浴室入口、小吧台、冰箱等功能。

住宅知识王

活用躲猫猫的视线变化

1. 遮挡：化解居住不适感等尴尬、干扰问题。
2. 整合：利用弹性隔断墙来改善空间中的不完美，例如：为了统整空间中林立的柱子，通过连续性的立面设计，隐藏柱子、房门，形成整齐的风景样貌；或是利用隔断墙的视觉隐藏效果。
3. 隐藏：解决了多扇门的杂乱感。设计师也会让同一空间、同一物件有不同面貌的发展，例如：镜子背后隐藏厕所，装饰壁板其实是洗手间入口等。

采光住宅知识王：人工光源的运用

隔断位置不对，就容易遮住光线。在设置弹性隔断时，须要考虑光线的进入方向，通过最大采光量（例如开最大窗）引入自然光源，再通过迎光面配置及光源递减法，在必要时阻隔光线（例如运用窗帘），需要时又能明亮。而当自然采光受限时，加装人工光源（运用灯光设计），可让生活品质更稳定。

Point 01 最大采光量，用透明手法最简单

房龄25～40年的房屋都是狭长的格局，采光是由前后端进入，格局的纵深太长，再加上房间的阻隔，光线不容易照进室内的中央地带。

想解决采光问题，就要寻求最大采光量。最直接的方法就是以大面积的开窗或穿透性隔断来进行规划。像这间位于狭长格局深处的餐厨空间，就利用柜体与玻璃门扇对应餐厅进行穿透区隔设计，而由后阳台改造而成的亲子书房，更通过玻璃移门，拉大空间的采光面。

住宅知识王

人工光源的运用

除了争取最大的采光量、迎光面生活、利用光源递减法则来配置弹性空间外，总是有一些光线无法抵达之处，例如地下室、车道或置物空间，此时就需要人工光源的搭配。无论是设计直接或间接的光源，若能将墙面开洞透出光源或是以展示柜体搭配间接灯光，都能更加增添空间的柔和氛围。

Point 02 迎光面配置，同一轴线上好引光

第二种方式是按着迎光面进行顺光配置，会让生活更感舒适。特别是安排客厅、餐厅、书房等公共区域，为满足家人聚集的舒适感，以面向光线的隔断方式或使用玻璃等穿透材质，引入光线。例如：让临窗的书房与餐厅位于同一轴线上，通透的格局加上大量清透、反射材质的运用，让室外美景能自然融入室内，大大地增添了室内的采光度。

Point 03 光源递减法 需要时能明亮、必要时能阻隔光线

不是每处空间都亮澄澄的就是好！需要时能明亮、必要时能阻隔光线，不同的空间特性需要不同的光源配置手法。

> 在长形的居住空间中，设计师以光源递减法来进行配置，首先将与露台连接的和室与起居室置于空间的前端，充分满足主人泡茶、赏景、宴客的风雅情致，后端则设置主卧室，让主人亦能享有光线充足的私人空间；位于中央空间的客厅，则通过挑空梯间、半透明和室隔断及起居室的半墙，让空间明暗有度，完善家的风景。

通风住宅知识王：人工换气设计的秘技

在设计弹性隔断时，应该好好考虑空间动线，从室内设计来改善通风方式，让住宅的动线依循风的流动方式行走，不让隔断的存在阻挡风的循环。例如：长形的空间在确定气流流入的方向后，使用弹性折叠门，让全室可有独立空间，也可畅通开放，保持良好通风，免去闷热与潮湿。

Point 01 走道→风的回廊

在狭长的空间中，利用走道成为风的回廊，也是一种通风的好设计。尤其在面窄景深的长形空间中，以活动隔屏、穿透性隔断进行空间规划，更能加速风的流畅性。

从客厅、餐厅到餐厨空间系列的长动线安排中，客厅与餐厅间的隔屏以活动拉门设计，可根据需要开启或关闭；相同的手法也应用在餐厅与餐厨区域，充分保留了风的通道，以穿透式设计、拉门设置的整体空间更延伸出景深。

住宅知识王

人工换气的秘技

若是空间过于紧密或是自然风无法拥有自己的一席之地，建议利用人为的换气系统或是正负压设计来进行人工换气。

1.换气系统：可以排出室内污浊空气，同时吸入新鲜外气的全热换气交换机，在空气替换时，更同时进行热交换，使空气以较接近室内温、湿度的状态下供给，也能减少空调费用。

2.正负压设计：正压就是一个空间的空气压力大于外部，因此室内的空气会一直被挤压出去，而外面的空气进不来（例如火灾时，通过正压的应用让浓烟不会跑进逃生梯）；而负压就是一个空间的空气压力小于外部，因此只有外部的空气会进来，里面的空气出不去（例如浴厕管道间的出口，通过不断的排风，让透气管始终处于负压状态，自然而然地，透气的效果就会比较好）。

Point 02 与自然同住→通风最拿手

为了不在立起隔断时，同时也隔掉了气流与自然，设计师尽量利用与阳台、花园、露台等相邻处来安排设计空间，例如：将餐厨空间安排在露台旁，不只有助于排散油烟，自然美景更是佐餐的好助手。

设计师将阳台、小起居室、和室三者之间相互串联，并利用弹性与不做满的隔断，引入光线与自然。此举不只让空间通风流畅，而兼作书房的和室、暂时充当音乐室的起居室、可以聚餐烤肉的阳台，再搭配上客厅，也让全家人可以在此充分享受自然生活。

Point 03 天井、楼梯→家的烟囱

除了将弹性空间连接于靠窗等通风处外，利用大面积的开窗引入阳光与空气，再经由妥善地安排动线，让走道自然而然地成为通风道，就能拥有舒适的生活。若是家中有天井或是挑高楼梯间，更可利用冷空气下降、热空气上升的基本原理，让冷空气进入室内后转换为较热的空气，再由中央的天井或梯间排出，善用家的烟囱带来的舒爽氛围。

在此户的空间中，设计师不只善用阳台带来绿意与通风，也让楼梯间成为采光及通风的主轴，更于沙发背后以木格栅代替实体墙面，运用各种手法增加透气性。

和弹性隔断最速配

隔断必用建材小百科

弹性隔断的建材有清玻璃、茶玻璃、雾玻璃，配上木作或金属材料打造成玻璃拉门、玻璃折叠门，是最常见的使用模式；而别具隐私的木门、木板、木雕花板或是木隔栅等也是隔断的好帮手，甚至是铁制品、不锈钢板亦都可成为隔断的一部分。此外，属于家饰的窗帘、卷帘、百叶也都搭配运用于弹性隔断中。

玻璃弹性隔断

当空间需要具有穿透性、增大空间视感的时候，以玻璃作为隔断材料的拉门与折叠门，可以说是弹性隔断的首选建材。不仅具有无障碍的视觉效果，同时更具有隔音、互动、赏景等多项功能，而且只需安装茶玻璃、雾玻璃或是搭配木作，就能达到遮掩尴尬、保留隐私的目的。不过在选用玻璃时，建议使用强化玻璃，而隔断的承重与轨道设计，也需要缜密的考虑，才能便利且安全。

使用强化玻璃，创造穿透又模糊的空间幻境

设计师常利用玻璃具有的空间延展穿透感，不仅可节省空间，降低空间视觉的压迫感，而且玻璃的施工较为简易，将玻璃嵌入木作或金属框架中，再以压条进行封边处理后就可使用。由于玻璃产品很多，如何使用与搭配则依需求而定，若无法选定材质时，设计师建议选用透

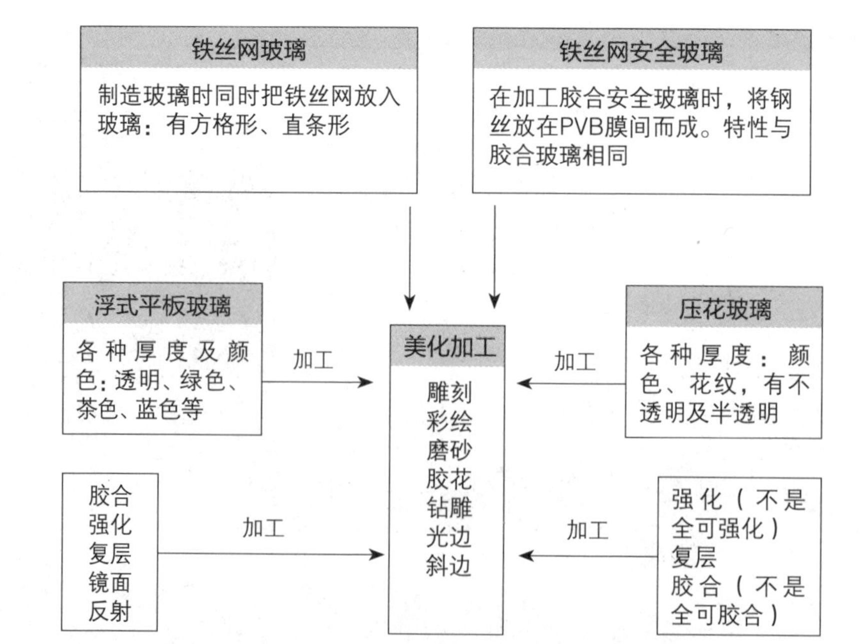

明的清玻璃，搭配贴纸，即可获得模糊视线的效果，当想更换风格时，只需更换贴纸即可。若是只使用清玻璃，设计师也建议搭配卷帘，利用安装于天花的窗帘盒，只需将卷帘向上拉起，即可完全收纳，是一种简便又省钱的做法。

1.浮式平板玻璃

A.清玻璃厚度从3~19mm不等，除3mm之外皆可强化，其价格则依玻璃厚度及强化与否而有高低之分。一般门扇可以使用5 mm，而隔断则使用 8 mm，但若是高度超高又无框的玻璃隔断，则需要另外选用安全性高的玻璃。

B.有颜色的茶玻璃、灰玻璃、墨玻璃：它们对空间而言，具有魔术般的修饰效果。作为居家空间中的视觉延伸，或通过镜面效果创造空间“后退”的错觉。而且低调的色泽能降低明镜或玻璃反射所产生的锐利感，同时更融入整体空间设计，表现出较为暖调、低调的空间语汇。

2.美化加工、压花玻璃

像是口语化的雾玻璃（喷砂、磨砂）、胶合玻璃（夹纱）、烤漆玻璃、激光雕刻玻璃，这些兼具采光及模糊视线功能的材质，更是让隔断成为千变万化的好帮手。其中烤漆玻璃因为有丰富的色彩可供选择，具有易清洁维护的特质，又与其他材质的搭配性高，经常运用在公共空间或门扇的设计上。

图片提供／伏见设计

清玻璃+白色木作拉门，开放庭园绿意最大值

书房外是庭园绿地，特地将书房与餐厅的开口做大，配置了六片瘦长形玻璃拉门，当拉门往左右两侧打开时，书房开口趋于最大值，人们在餐厅活动时，就能欣赏到书房外的庭园景观，前庭绿意自然跃进视线里。

清玻璃+白色木作隔断，无障碍的互动关系

位于电视墙后方的书房，玻璃拉门延伸自电视墙；由上方清玻璃、下方白色木作的形式作为弹性隔断。平时坐在书房内，关上拉门，书房与客厅就成为各自独立的空间；站起来或开启时，视线可望到外面并与之互动。

雾玻璃+白色木作门扇，别具隐私功能

在客厅旁以架高地板、半开放的灵活布局，规划和室兼客房。以拉门取代实墙隔断，沙发后靠的轨道拉门以白色木作为主，拉上时可维护必要的隐私，另一边则装置雾玻璃门扇，让窗外的光线可以透进餐厅。

图片提供／岩舍设计

茶玻璃+造型窗花拉门，隔绝油烟缓解尴尬

区隔厨房和餐厅的造型窗花拉门，延续整体空间的古典风格。造型窗花拉门搭配半透明的茶玻璃，隔开用餐和料理区，减缓视觉尴尬；但又保留视觉穿透且完美隔绝油烟。

图片提供／岩舍设计

图片提供／浩司室内装修设计

清玻璃+白色折叠门扇

在客、餐厅之间，设计师利用格窗的意象所制作的木边折门，有助于中式料理烹调之际，阻断油烟流窜到布沙发为主的客厅中。而格窗的样式一脉连接，构成长形窗景，打造乡村风居家空间。

图片提供／浩司室内装修设计

明镜+雾玻璃两面门扇，让空间更具弹性

为了让孩子们有个弹性且灵活的空间，设计师在客厅后方设置了书房及舞蹈练习场，环形的动线空间不仅让家变成了孩子们的大操场，利用明镜与雾玻璃两面设计的滑轨折门，更让孩子们练舞或客人留宿都方便好用。

图片提供／邑舍设纪

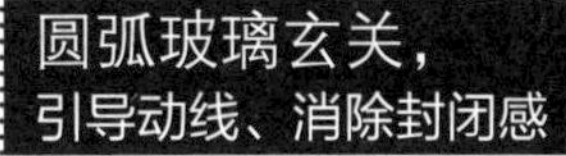

圆弧玻璃玄关，引导动线、消除封闭感

为了避免小玄关进门给人造成的压迫感，设计师利用玻璃的穿透性，加上导引动线的圆弧概念，产生玄关的界定，在视觉上又能保留穿透感，让人不会有闷在小玄关的压迫感。

图片提供／摩登雅舍室内装修设计

清玻璃+木折门，

邻山而建的公寓，在面山处有一片樱花林，于是设计师刻意将泡汤的浴池设计在阳台上，并仅以清玻璃木框拉门与客厅相隔，如此开放、一览无遗的生活享受，让业主的朋友大为羡慕。

图片提供／权释国际设计

木制弹性隔断

木制的弹性隔断中，有许多是大家耳熟能详的物品，例如：玄关的屏风、格栅或是和室的拉门，无论是平面或是立体，木制隔断都以温柔婉约且带着暖意立于空间之中。在消解居住不适感的问题、界定空间或是提供使用的完全隐私上，都显现出良好的功能。而且在优良的五金搭配下，以吊挂的方式呈现，不再让下方轨道成为行动的阻碍。

使用木制隔断，增添质感传递暖意

和玻璃隔断的通透与现代感完全不同的是木制隔断，其中最常见到的就是和室。由拉窗和隔扇（拉门）所围绕，将空间完全地隔绝，散发出一种模糊暧昧的氛围，形成幽玄而又明亮的私人空间。传统的和室大量使用桧木板，它们散发出清爽怡人的气息，整体给人一种宁静、和谐的感觉。

1.现代木隔断

以贴皮的木板来构筑，其拉门有单扇拉门及双扇对拉门之分，同时依照拉开后的放置位置，可分为明式及暗藏式（推入墙内）两种。为使拉门开启运行方便，常用吊轮隐藏于框樘上椽内，或将滑轮悬吊于门楣。

2.门扇滑轨

基本上有上下轨道、上轨道及下轨道三种，上下轨道最常见到的是和室推拉门，即所谓的悬吊式滑轨。无论是安装哪种轨道，都须预先加强该处的天花板角料，尤其是重型轨道，同时必须在地板施工前预埋导轮或固定器。

木雕花片+不透明玻璃，隔断增景好吸睛

为了化解玄关直对阳台落地窗的“问题”，设计师在窗前加上一道木板雕花片，背亲不透明玻璃，成功化解居住不适的忌讳。

图片提供／觏得空间设计　图片提供／觏得空间设计

茶玻璃+卷帘+木拉门，朋友们的便利床

二楼开放式餐厨，让朋友们能一起做料理和享受美食，而餐厅旁的和室，不只可容纳更多朋友，其收纳式拉门及茶色玻璃和卷帘，在朋友留宿小憩时，空间角色立刻转变为拥有私密感的客房。

图片提供 / 齐右设计

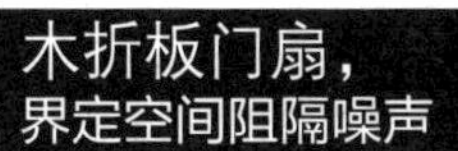

木折板门扇，界定空间阻隔噪声

在规划小面积的弹性隔断时，最能见到设计师的魔法技巧。位于高架桥旁高楼的小套房，设计师利用与收纳柜门扇相同材质的隐藏门扇，通过折叠与拉出，就能为小空间打造出一室一厅的宽敞生活感受。最棒的是还能阻隔窗外的噪声，让业主拥有更好的睡眠。

图片提供 / 俱意设计

图片提供 / 俱意设计

铁制品、电动卷帘、不锈钢隔断

此外，以现代感、科技风为主题的居家空间，亦开始利用铁制品作为隔断的材料，让弹性隔断的建材拥有更多的可能。

使用金属隔断，注重框架的承重

然而无论使用何种素材，隔断的结构性与安全性都不可忽视。像是固定于天花的卷帘，或是独立于空间中的铁制屏风，都必须考虑到其材质是否会让框架变形？此外，运用木制品当作隔断的基底架构更是安全的不二法门。

1.电动卷帘

现今的卷帘，无论是材质上或使用上已经是变化万千了。除了基本的防焰、遮光作用，材质上更有布面、毛面、编织面等，还有的是大图输出直接印刷，甚至还发展出只遮光不遮风景的阳光卷帘。电动卷帘依挑选的布片搭配电动轨道增加便利性，一般电压可分110伏特、220伏特以及使用变压器的电动卷帘。除了线控外，还有遥控、红外线、静音电动卷帘等。最适合简约的设计。如果材质挑选得当，还可以直接擦拭非常方便。

2.金属隔断

冷冽的金属成为设计师规划区域隔断的新素材，为住宅注入时代尖端的新时尚。其特殊的金属光泽，具有很大的塑性及变形的能力，加上强度、耐久性及安全性比其他的材质优良，更容易触发设计的创意想象。因此以铁制品或不锈钢板作为弹性隔断材料，更能冶炼居家时尚。

清玻璃+金属折门，连接室内外享受自然界

喜欢乡村风格的业主，设计师为他们留下阳台空间布置干式花园，此举让整个居家活了起来。临近餐厅的花园，让室内与室外相互调和；折叠门一完全推开，就如同置身于欧洲的田园乡村。

图片提供／大夏设计

清玻璃+镀钛不锈钢板，打造空间科技感

由于男主人在装修新家时，希望能以科技感空间呈现独特居家。于是设计师刻意拆除客厅与书房隔断，改以清玻璃及镀钛不锈钢板取代，让客厅、书房的视线可相互延伸，而镀钛处理的不锈钢板，其玫瑰金的色泽不仅柔化了空间的色彩，金属的质感更衬托出空间的科技感。

图片提供／奇逸空间设计

电动卷帘，分隔与开放生活场景

由于是小面积的温泉度假住宅，因此设计师运用电动卷帘来进行生活空间的切割，只需遥控控制卷帘长度，就能轻松分隔卧室与客厅区，让度假生活充满了情趣。

图片提供／禾禧设计解决方案

悬空铁制品电视墙，戏剧化的趣味感

一面引人注目的悬空铁制品电视墙，细致的金属线条和镂空的穿透感，成为区域里独一无二的装置艺术品，产生强烈的戏剧效果之余，少了实墙的阻隔，让空间宽敞开阔，让自然光源源不绝洒入。

图片提供／王俊宏室内装修设计

玻璃隔屏+卷帘，决定工作区的开放与独立

在家的自由工作者，长时间被局限在如书房的封闭空间里，很容易使人心情郁闷，设计师善用巧思在公共厅区切割出一小块半开放工作区，搭配玻璃隔屏与卷帘，将卷帘放下就是独立的工作区，书柜上还悬挂滑轨门，可遮挡通往另一格局的入口。

图片提供／大雄设计

灵活的机关设计

外行人看门道 内行人看五金

神奇五金变身机关王大创意

Hardware

灵活的设计都来自小小五金的应用，各式各样的弹性方式，可以制造出空间多样的活用形态，举例来说，弹性隔断常使用的玻璃拉门，就是典型的滑轨应用，滑轨+铰链则又能变化出藏在墙面的暗门，或是用于大面积的可收起、节省空间的折叠门；从大型门扇缩小运用于柜体门板，则有上掀门板、抽拉层板等方式。

现代人常说的DIY的“D”，其实已经从“Do”进化成“Design”，同样地，五金不只是单纯具备某种特定的旋转或滑动功能，经过巧思设计，五金开始成为巧妙机关的主角。例如利用下掀门板的概念，也可以发展成桌面甚至是椅子来使用，就看如何发挥创意。

五金一定要实际试用，才能分辨品质好坏

五金的好坏并不是光靠外观就能判断，最关键的往往在于看不见的地方——也就是内部结构。五金的主要内部结构包括轴心、轴承，其构造、材质与数量，是影响载重与耐用性的关键，但这些都不是用眼睛看外观就能够看出来的，所以在挑选的时候，一定要亲自试用过，例如滑轮就要注意滚动时会不会发出怪声音、声音是否过大、滑顺度如何等，滑门的轨道和推拉门的铰链，也都要注意拉开时是否顺畅。

有件特别的事，如果你发现刚买回家使用两三个月就生锈的五金，可不一定代表是劣质产品，虽然五金依正常使用情况，在两三年内是不会生锈的，此时你就要先注意一下居家环境是否过于潮湿？或是板材含过多甲醛？因为湿度和甲醛都会使五金生锈。

说明用途与设计，才能挑选正确的五金

五金牵涉到结构和力学，最忌讳的是单凭外观尺寸来选用，以相同用途但内部构造不同的五金来说，较大的、重的、厚的、贵的，都不是耐用的绝对指标。最正确的方法是选择专业并且有经验的店家，详细说明用途、载重量、板材材质、门扇高度和厚度，这样才能对症下药选对五金，达到安全、适用的目的。

一般常忽略的部分，就是五金一定会随着时间、空气、地心引力而生锈或变形，但是耐用度和持久性是必须经过时间一点一滴考验才能得知的，这时唯有长期经验的店家才能提供宝贵的实际试用结果的。

神奇五金
变化*14种创意组合

箱体大移动

图片提供/本晴设计

滑轮 01

滑轮是非常好运用的五金件，依照滚动方向可分为定向与活动滑轮。进阶的活用方式可以搭配铰链结合门扇，空间隔断可以随意自由移动，完全不受拘束。

专家经验 | 若使用在木地板上，要选择PU软材质以免刮伤地板，但随着时间、载重和空气会使滑轮变形、水解、脆裂，软材质更易发生这种情形。市面上有以所谓环保材质来作为易碎易分解的低劣品质的借口，必须慎选商家。

落地窗变扇形门

图片提供/本晴设计

门板下掀五金（壁式）02

下掀后形成一个平面，可以成为卧榻、桌面甚至当成座椅，合上即恢复为壁板的一部分，既美观又可节省空间。

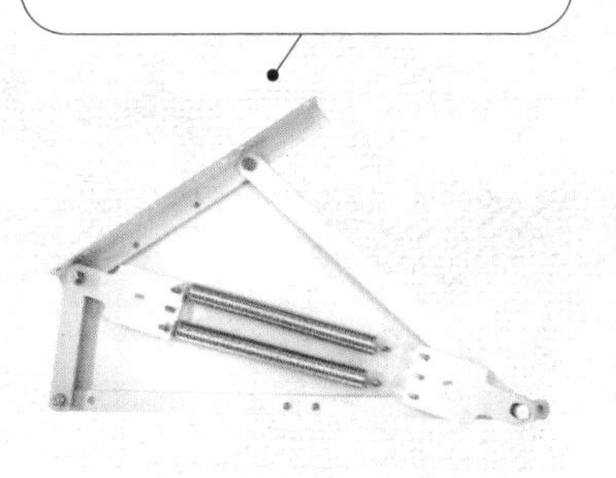

专家经验 | 不同承重量、门板尺寸要选择不同结构的下掀五金，才能提供足够的支撑力，千万不可随意选择以免发生无法承重的危险，并且最好防止儿童动手开合。

隐藏的客房

图片提供／界阳&大司室内设计

活动掀床五金 03

需要提供亲戚朋友留宿又不想特意空留一间房间，一张活动掀床便可以达到一间客房的功能，平时收起还能伪装成柜体或是装饰镜面。

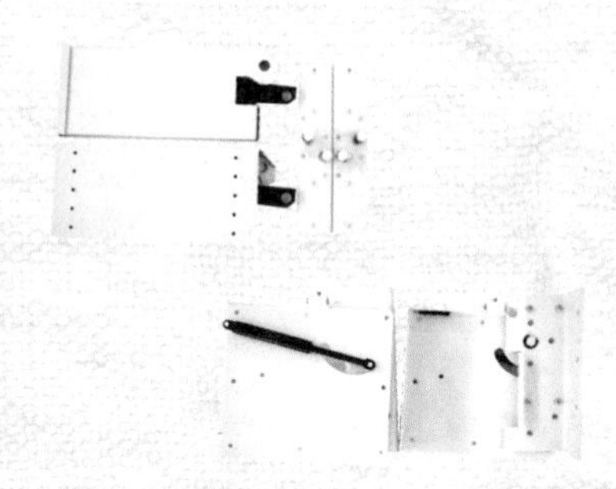

专家经验　掀床五金与门板下掀五金都属于同一类型，分为气压式与弹簧机械式，气压式较美观，但是气压杆若过于老旧而未更换，有可能漏油或漏气，会有突然断裂的风险。

和室门不见了

图片提供／凯思特室内设计

拉门吊轨 04

轨道配合滚轮，可结合多重门扇，取代实体隔断。上吊轨的优点是只需要上方轨道，无须为了下轨道考虑地面水平，也能避免设置下轨道易堵脏污的麻烦。

专家经验　若滑动不顺手，可上油恢复滑顺度。但由于力量全悬吊于上方轨道，因此吊轮无可避免较容易发生故障。

光与风的通道

图片提供／大夏室内设计

上下轨道+折门关节 05

上下轨道能提供大型门扇支撑力，搭配折门五金关节，完全打开能享受毫无阻碍的视线美景。

专家经验｜在关折门时要特别注意手不要放在折叠处，否则会夹伤，若有儿童要特别注意安全。

列柱美感的旋转外墙

图片提供／近境制作

推门铰链 06

推门是一般居家最普遍的方式，依照门扇材质重量、开启角度、隐藏或外露式等不同需求，又细分为多种样式，甚至能加装连动杆，让一整排门扇同时开启。

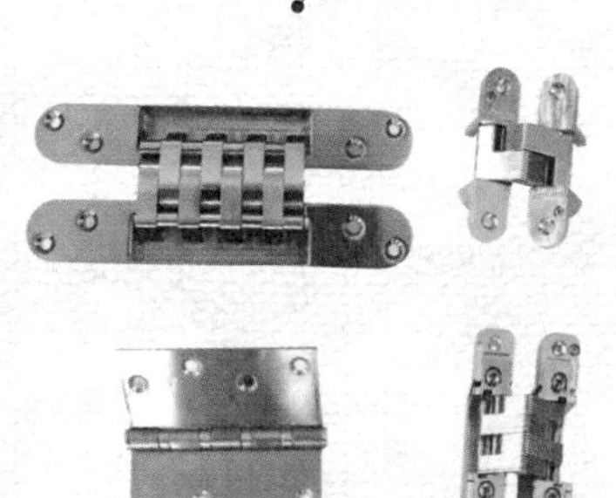

专家经验｜因为五金本身一定会受湿度影响，若用在户外，要尽量加装遮雨棚，避免五金直接淋雨进水。

视觉O重量、滑动O重量

图片提供／明楼联合设计

轨道+玻璃夹具 07

视不同门扇材质、厚度、重量选用不同尺寸的轨道，轨道和夹具除了一般的外挂式外也能选择隐藏式，以维持透明玻璃门扇绝佳的穿透感。

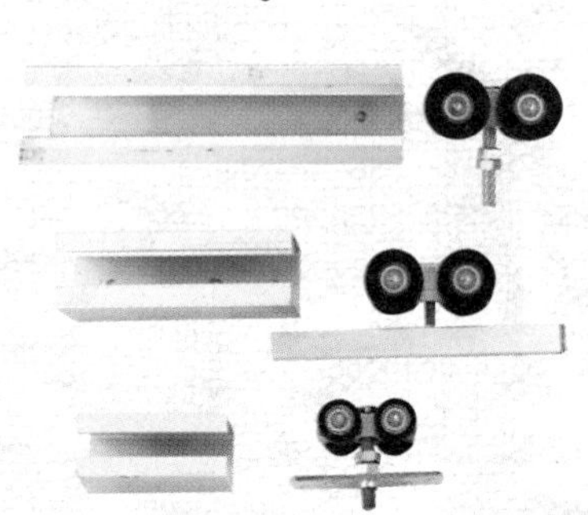

专家经验｜玻璃门扇不可太薄，要有一定的厚度才有办法使用夹具固定住。

折叠就消失的隔断墙

图片提供／王俊宏室内装修设计

吊轨+折门铰链 08

在使用作为空间区隔的大门扇时，折门也能选用隐藏式折门铰链，五金铰链隐藏起来更美观，只使用吊轨而没有下轨道的切割，让空间全然敞开时维持整体感。

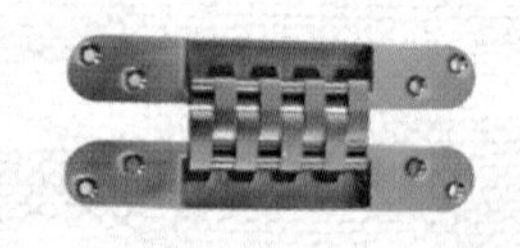

专家经验｜施工时注意螺丝必须每颗都旋紧锁牢，施力平均。定期上油可以延长吊轨滑轮的使用年限。

消失的密室

图片提供／力口建筑

隐藏式暗门铰链 09

隐藏式铰链不会外露，用于暗门能创造出看似完整墙面的视觉美感，如果不希望门扇造成零碎的视觉切割空间，暗门铰链是理想的选择。

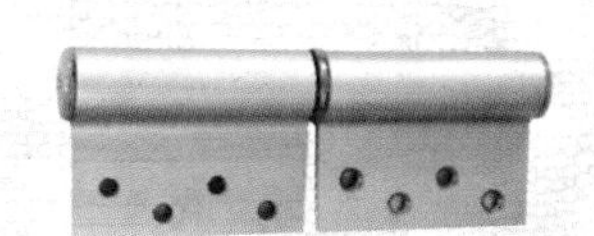

专家经验｜选择时要清楚需要敞开的角度多大，安装时也要注意开启方向。

宛如墙面的收纳

图片提供／绝享设计工程有限公司

上掀五金 10

大致可分为一般气压式、随意停，气压式一开启就会自动开到最大极限，随意停即随使用者开到任何角度而固定静止。目前也有拍拍手、电动上掀折门等更多元类型以满足需求。

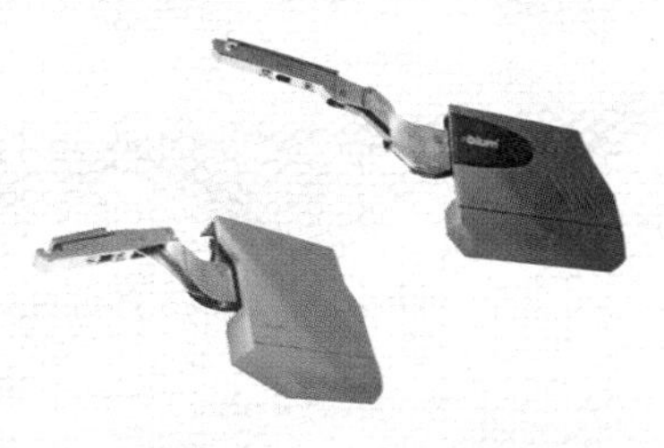

专家经验｜选择上掀五金要考虑柜体与使用者身高，若使用者无法触及上掀的最高点，最好选择随意停，因为使用气压式并不方便。

客、餐厅共用电视机

图片提供／大雄设计

电视旋转转轴 11

旋转转轴能够满足业主从各角度观看电视，以及让相连的两三个空间共用一台电视的需求，例如客餐厅、餐厨空间，甚至客厅与浴室共用电视，都是很便利且富有弹性的设计。

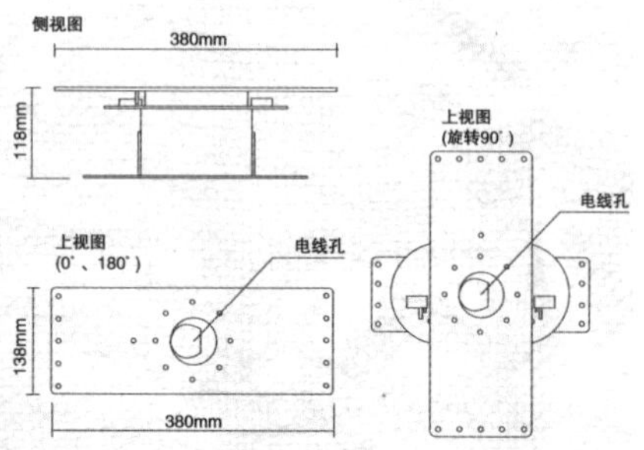

专家经验｜大部分属于定制品，必须详细了解电视尺寸、旋转角度等细节，也有一些特殊转轴设计可以使旋转更省力。

会长大的餐桌

图片提供／杰玛室内设计

桌面滑动五金 12

平行滑动式桌面，不需要时可推进以空出空间，客人来时可延伸拉长桌面，一人用、多人用餐或开会都适合，对于小空间来说达到非常有效的弹性利用效果。

专家经验｜试用时反复平行拉动桌板，可以感觉是否平稳、顺畅和有没有噪声。大部分属于定制品，要提供桌面长、宽、厚度。

化妆与收纳的双面手法

滑动五金 13

由一般抽屉式滑动五金延伸应用而成直立式抽屉，根据空间状况与拿取是否顺手变通选择。

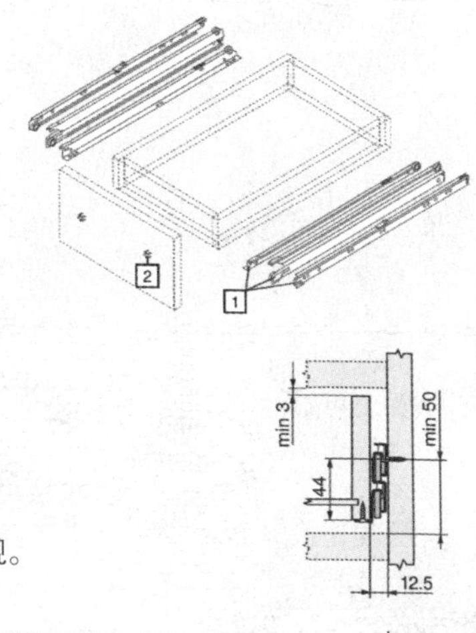

专家经验｜滑动五金轨道也有隐藏式，看不出轨道痕迹，更为美观。

伸缩自如的大橱柜

重型柜轨 14

除了能负载滑动时的重量，也必须要能承受拉出时腾空柜体的重量。全拉出时一目了然，用于衣帽柜、包包收纳、鞋柜都很方便。

专家经验｜选用此类五金时，要确认收纳用途，预估日后放置物品的重量，以免载重力不足导致轨道变形扭曲甚至断裂。

附录资料—公司名称：刘三五金行 电话：886-2-23689249 地址：台北市中正区和平西路一段60号

客座主编群

设计公司	电话(台湾)	电话(大陆)
a space design	886-2-27977597	532-80900656(青岛)
KC design studio	886-2-25991377	
岚空间设计整体规划	886-2-25775956	
PMK+Designers	886-7-2270098	
二水建筑空间设计	886-2-23671521	
力口建筑	886-2-27059983	
十彦设计	886-2-27557705	
十瀚设计	886-2-25115577	
凡可依空间设计	886-2-27478630	
大夏室内设计	886-2-23451882	
大院设计	886-2-29182952	
大雄设计	886-2-85020155	
戴维麦可国际设计	886-2-86607618	
山木生空间设计	886-2-22140908	
太河设计	886-2-28488956	
尤哒唯建筑师事务所	886-2-27620125	
水相室内设计	886-2-27005007	
王俊宏室内装修设计	886-2-23916888	
司达设计	886-3-6577655	
本直设计	886-2-27170005	
本晴设计	886-2-27196939	
玉马门创意设计	886-2-25338810	
瓦悦设计	886-2-25376090	
甘纳设计工作室	886-2-27752737	
石坊空间设计研究	886-2-25288468	021-22310594(上海)
禾禧设计解决方案	886-2-27212577	
立禾设计	886-3-5721360	
伊家设计	886-2-27775521	
自游空间设计	886-2-25570055	
伏见设计	886-3-3413100	
宇艺设计	886-2-27388918	
成舍室内设计 中山公司	886-2-77297155	
朱英凯室内设计事务所	886-4-24753398	
至善设计	886-958340197	
吉作室内设计	886-2-27755057	
邑舍设纪	886-2-29257919	
其可设计	886-2-27715066	
奇逸空间设计	886-2-27528522	
尚展空间设计	886-2-27080068	
尚艺室内设计	886-2-25677757	

岩舍国际设计事务所	886-3-3472066
明代室内设计	886-2-25788730
明楼室内装修设计	886-2-87705667
杰玛室内设计	886-2-27175669
直方设计	886-2-23570298
近境制作	886-2-27031222
采金房国际股份有限公司	886-800006866
金秬国际＆金晟创意设计	886-2-26272059
品桢空间设计	886-2-27025467
建构线设计	886-2-26315955
拾雅客空间设计	886-2-29272962
春雨时尚空间设计	886-2-23926080
界阳&大司室内设计	886-2-29423024
俱意设计	886-2-27076467
浩司室内装修设计	886-2-28282262
将作空间设计	886-2-25116976
翎格设计	886-2-87738189
凯思特室内设计	886-2-23789585
博森设计工程	886-2-26339586
富亿设计	886-2-27099338
晶澄设计	886-2-89413326
智慧厨房	886-2-23515067
绝享设计工程有限公司	886-2-87730290
咏翊设计	886-2-27491238
逸乔室内设计	886-2-29632595
传十空间设计	886-2-28881502
意象空间设计	886-2-82582781
楠弘厨卫	886-7-3382000
墨比雅设计	886-809066668
德力设计	886-2-23626200
摩登雅舍室内装修设计	886-2-22347886
欧阳室内设计	886-3-4926666
朴艺空间设计事务所	886-2-23581527
应非设计	886-2-27005157
隐巷设计	886-2-23257670
虫点子创意设计	886-2-89352755
觐得空间设计	886-2-25463939
馥阁设计	886-2-23255019
权释国际设计	886-2-27065589

图书在版编目（CIP）数据

隔断＋收纳机关王 / 美化家庭编辑部主编．-- 南京 ：江苏凤凰科学技术出版社，2015.5
ISBN 978-7-5537-4345-5

Ⅰ．①隔… Ⅱ．①美… Ⅲ．①住宅－室内装饰设计 Ⅳ．① TU241

中国版本图书馆 CIP 数据核字 (2015) 第 069036 号

隔断＋收纳机关王

主　　编	美化家庭编辑部
项目策划	杜玉华
责任编辑	刘屹立
出版发行	凤凰出版传媒股份有限公司 江苏凤凰科学技术出版社
出版社地址	南京市湖南路 1 号 A 楼，邮编：210009
出版社网址	http://www.pspress.cn
总 经 销	天津凤凰空间文化传媒有限公司
总经销网址	http://www.ifengspace.cn
经　　销	全国新华书店
印　　刷	北京博海升彩色印刷有限公司
开　　本	710 mm×1000 mm　1 / 16
印　　张	14.75
字　　数	236 000
版　　次	2015 年 5 月第 1 版
印　　次	2024 年 1 月第 2 次印刷
标准书号	ISBN 978-7-5537-4345-5
定　　价	59.80 元

本书由风和文创事业有限公司正式授权，经由凯琳国际文化代理。

图书如有印装质量问题，可随时向销售部调换（电话：022-87893668）。